버릴 게 없는

냉동 테크닉

버릴 게 없는 냉동 테크닉

니시카와 다카시 지음
김선숙 옮김

글로세움

약간의 지식과 요령만 익히면 누구든지 '냉동의 달인'이 될 수 있다!

냉동 보관하면 좋은 점

· 식재료를 신선한 상태로 오래 보관할 수 있다.
· 냉동하기 전에 양념으로 밑간을 해둘 수 있어 요리시간이 훨씬 단축된다.
· 냉동해두면 더 맛있고 영양가가 풍부해지는 식재료도 있다.

'우선 이것만은 알아두자!' 냉동 보관시 주의점

· 냉동할 때는 보관용기 안의 공기를 가급적 뺀다.
· 냉동 식재료를 맛있게 활용하기 위한 해동법으로는 얼린 채로 조리하는 '가열해동', 얼음물에 담그는 '빙수해동', 흐르는 물에 담그는 '유수해동' 등 3가지가 기본이다.
· 냉동 후에는 가급적 1개월 이내에 다 사용한다.

좀 더 빨리 알았더라면 좋았을 텐데!

그렇게 생각할 만한 '냉동에 대한 새로운 상식'을 지금부터 소개한다.

이 책에서 소개하는 3가지 냉동보관법

맨 처음에 알아두어야 할

기본적인 냉동 보관법

식재료의 맛이나 식감, 영양을 오래 유지하기 위해서 알아두어야 할 '냉동 보관법과 해동법'에 대해서 정리했다. 냉동의 기본 원칙, 냉동 식재료 싸는 방법과 손질 방법, 해동하는 요령 등에 대해 자세히 설명한다. 있으면 편리한 냉동보관 도구도 소개한다!

요리시간이 단축되고 먹는 즐거움이 배가 되는

밑간 냉동, 기타 냉동 보관법 & 냉동 레시피

냉동 보관법뿐만 아니라 식재료를 맛있게 만드는 '냉동 조리법'을 레시피와 함께 설명한다. 냉동할 때 양념으로 밑간하는 냉동 보관법을 비롯해 식감 체인지, 영양가 UP, 단맛을 끌어내는 방법 등 목적별 냉동 보관법도 다룬다. 날것으로 냉동해둔 채소를 맛간장에 해동하여 나물을 만들고, 얼린 채로 채소와 과일을 강판에 가는 등 냉동 식재료를 즐기는 새로운 방법을 제안한다. 진화하는 시판 냉동 식재료 활용 방법도 소개한다.

사진만 봐도 금방 알 수 있는

식재료별 냉동 보관법

고기와 해산물, 채소, 과일, 가공식품 등 각 재료에 적합한 냉동 보관법과 먹는 방법에 대해 소개한다. 사진만 봐도 금방 알 수 있는 냉동용 식재료 카탈로그이다.

냉동 식재료를 활용해서 풍성한 식생활을 즐기자

가정요리에 드는 수고를 덜면 왠지 '간편식'이라는 말을 듣게 된다.
회사 일이라면 성가신 과정을 줄이면 '효율이 좋다'는 칭찬을 받는데, 가정에서는 간편식이라고 여기는 이유는 뭘까?
그것은 분명, 가정 요리에는 수고나 시간을 들이는 것이 미덕인 양 착각하고 있기 때문이라고 나는 생각한다.
하지만 같은 맛과 영양을 얻을 수 있다면, 요리에 드는 수고와 시간은 가능한 한 절감하는 것이 좋다.
바쁜 하루를 보내는 것은 누구나 마찬가지니까…………

냉동보관법을 활용하면 맛이나 영양 손실 없이 요리하는 데 걸리는 시간과 수고를 효율화해서 줄일 수가 있다. 나는 이처럼 '수고를 덜어주고 시간을 절약해주는 일'을 여러분에게 제안하고 싶다.
이 책을 통해 여러분들이 더 즐거운 냉동보관법을 터득해, 편리하고 풍부한 식생활을 하는데 많은 도움이 되었으면 좋겠다.

식품 냉동법은 끊임없이 진화하고 있다!

냉동전문가뿐만 아니라 요리연구가와 주부까지 다양한 사람들이 새로운 식품 냉동법을 찾아내고 있다. 그래서 식품 냉동법은 나날이 진화하고 있다. 새로운 방법이 계속해서 생겨나고 있는 것이야말로 냉동 보관법의 큰 매력이다

냉동 보관의 장점 1

요리하는 시간을 줄여준다

요리를 하려면 마트에 가서 재료를 사고 손질하는 번거로움이 따른다. 채소는 물로 씻고 껍질을 벗겨 잘라야 하는 등 사전준비 없이는 먹을 수 없다. 주말처럼 시간이 있을 때 한꺼번에 손질하여 냉동해두면 요리하는 시간이 짧아지고, 바쁜 날에도 맛있고 균형 잡힌 건강한 식생활을 할 수 있다. 이 점이 냉동 보관을 생활에 도입하는 최대의 장점이다. 다진 양파를 빛깔이 나게 재빨리 볶을 수도 있고, 소송채를 삶지 않고도 나물을 만들 수 있는 등, 실제로 냉동해두면 요리하는 수고를 덜 수 있을 뿐만 아니라 요리하는 시간을 줄일 수 있다.

냉동보관의 장점 2

푸드의 손실을 막아 식재료의 낭비를 최소화한다

고기는 덩어리로 사고, 생선이나 채소는 통째로 사는 것이 저렴하고 신선도도 좋다. 덩어리 혹은 통째로 사서 다 사용하지 못한 식재료는 냉동 보관하는 것이 이상적이다. 먹을 수 있는 식품이 버려지는 푸드 손실은 세계적인 문제다. 한 가구(4인 가족) 당 연간 130kg, 가격으로 치면 100만 원 이상의 음식이 버려지고 있다는 조사 결과도 있다. 냉동 보관해두면 시간문제를 해결할 수 있다. 오늘 먹지 못한 음식은 다음 주나 다다음 주에 먹을 수도 있기 때문에 푸드 손실을 제로로 만들 수 있다. 절약하면서 친환경 생활을 할 수 있는 장점이 있다.

냉동 보관의 장점 3

식품의 맛과 식감, 영양을 보존할 수 있다

냉동 보관하는 목적은 기본적으로 식재료의 맛과 식감, 영양을 오래도록 유지하는 데 있다. 실내나 냉장고의 온도로는 식재료의 건조와 산화가 점점 진행되고 세균의 번식도 활발해진다. 그러므로 냉동을 통해 음식의 변성을 멈추게 함으로써 풍미와 영양을 유지시켜야 한다. 냉동해두면 버섯의 구아닐산과 재첩의 오르니틴이 증가하는 것처럼 영양이나 맛이 좋아지는 경우가 있다. 두부나 곤약처럼 새로운 식감이 생겨 먹는 즐거움이 커지는 경우도 있다. 또한 냉동해두면 식재료의 맛이 잘 우러나는 장점도 있다.

차례

더 맛있다!

편리한 냉동 보관법 & 레시피

Part 4

고기 · 어패류 · 채소 · 과일 · 가공식품

기본 냉동 보관법

▶ **양념재료(향신료)**

▶ **과일**

▶ **주식**

▶ **콩식품**

▶ **커피 · 찻잎**

▶ **유제품**

▶ **조리된 식품**

두 냉동실의 차이점, 알고 있는가?

냉장고의 올바른 사용법

급속냉동실과 냉동실을 구분하여 사용하면 더욱 달인이 된다!

저온냉장실과 부분실의 차이는? 냉동실에 있는 서랍은 어떻게 사용해야 할까? 냉장고의 기능을 잘 모르는 사람이 의외로 많다. 바르게 알고 편리하게 사용하자!

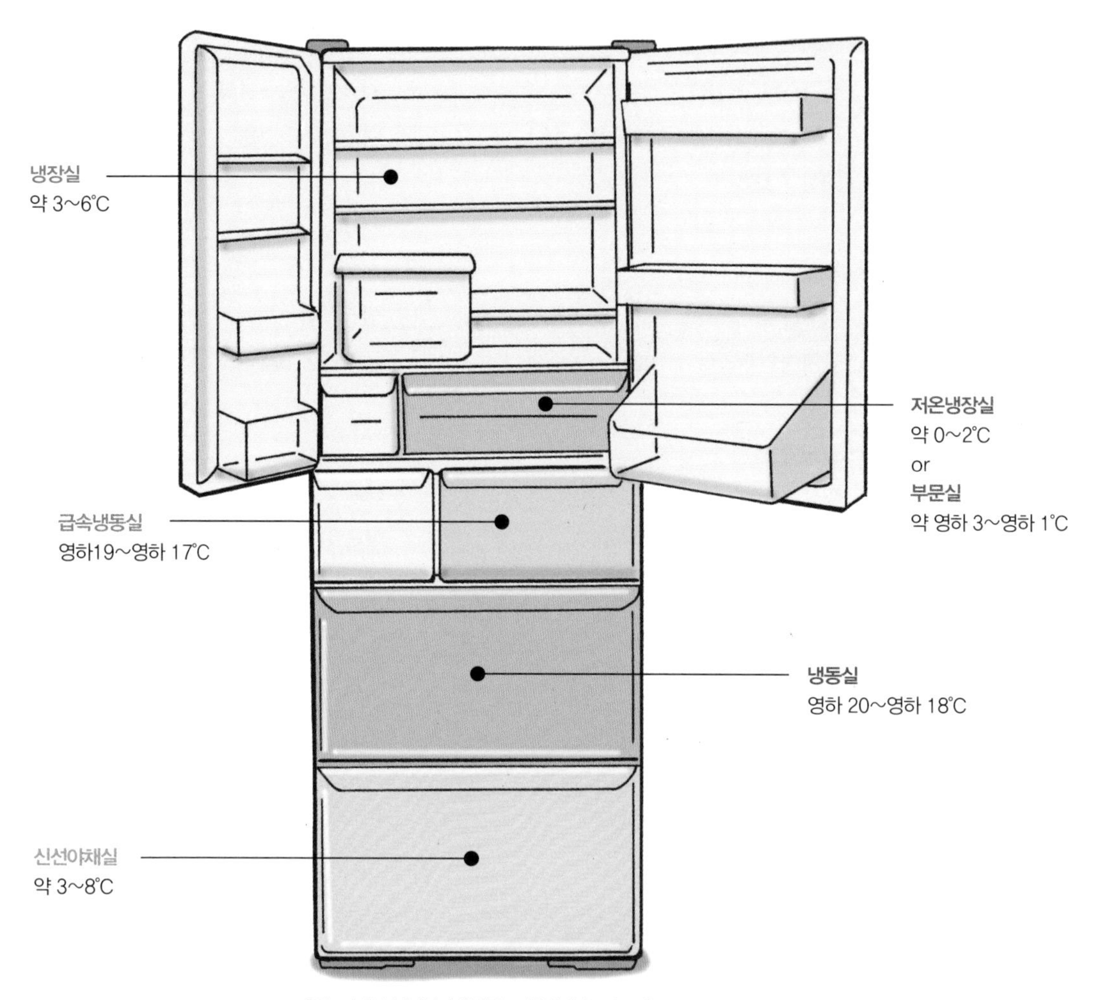

출처 : 파나소닉 홈페이지 내 '냉장고 사용법 냉장고 칸 소개'

냉동실을 편리하게 사용하는 3가지 원칙

원칙 1 정기적으로 냉동실을 정리 정돈한다

냉동 식재료의 품질을 유지하기 위해서는 냉동실 문 여닫는 횟수를 줄여야 한다. 식재료를 꺼내기 쉽게 냉동실을 정기적으로 정리해보자. 냉장고가 열려 있는 시간을 단축하면 전기요금도 절약된다.

원칙 2 수납은 70% 정도로 유지한다

냉동실 안을 가득 채워 넣어야 전기가 절약된다고 소개하는 경우가 있다. 하지만 식재료를 꺼내는 데 시간이 걸리면 오히려 온도가 올라가 역효과가 날 수 있다. 꽉 채우기보다는 70% 정도만 채워야 냉기 순환이 원활하여 신선도를 오래 유지 할 수 있고 식재료를 꺼내기도 편하다.

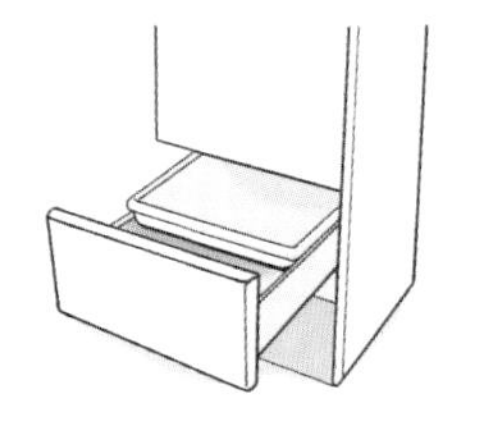

원칙 3 냉동실 서랍은 얼리는 공간으로 활용한다

냉동실 서랍은 식재료를 평평하게 펼쳐둘 수 있으므로 앞으로 식재료를 얼릴 때 활용할 수 있다. 빨리 다 쓰는 편이 좋은 재료를 두는 것도 좋다.

니시카와 다카시 식 온도별 공간사용법

냉장실 꺼내기 쉽고 사용하기 쉽게 만들어져 있으므로 일상적으로 자주 사용하는 식품을 보관하는 데 적합하다. 조리한 음식이나 달걀, 음료, 양념 등을 보관한다.

저온 냉장실 저온냉장실은 식품이 얼기 직전의 온도까지 냉각해서 보관할 수 있는 공간이다. 얼리지 않고 신선도를 유지하려는 육류나 어패류, 그 가공품 등을 보관하기에 좋다.

부분실 부분동결실 고기나 생선을 살짝 동결하여 저온냉장실보다 오래 보관할 수 있다. 냉동보다 훨씬 냉장 온도대에 가까운 반냉동 상태이기 때문에 7일 이내에 빨리 다 사용하는 것이 좋다.

급속 냉동실 다양한 식재료를 급속 냉동할 수 있는 공간. 냉동실에서 얼리는 것보다 맛있게 냉동할 수 있다. 급속 냉동한 재료는 냉동실에 옮겨 두고 사용하는 것이 좋다. 독립된 공간이라 따끈따끈한 음식을 넣을 수 있어 편리하다. 갓 지은 밥도 맛있게 냉동할 수 있다.

냉동실 냉동한 여러 가지 식재료를 장기 보관할 수 있다. 냉기는 위에서 아래로 내려가므로 서랍식 냉동실이 온도가 잘 올라가지 않아 좋다.

신선 야채실 냉장실보다 온도와 습도가 더 높게 유지되므로 채소의 건조를 막아 신선도를 유지할 수 있다.

Ziploc

Part
1

냉동·해동의 약속

식품을 냉동할 때 식재료의 맛이나 식감, 영양을 그대로 유지하기 위해 먼저 알아두어야 할 것은 냉동의 기본 원칙이다. Part 1에서는 냉동하는 식재료를 싸는 법과 밑손질 방법, 해동법 등에 대해 자세히 설명한다. 있으면 편리한 냉동보관 도구도 소개한다.

실패하지 않기 위한 냉동의 4가지 기본원칙

다양한 식재료를 신선한 상태로 맛있게 냉동하기 위해 지켜야할 기본 원칙을 소개한다

원칙 1

식재료가 신선하고 맛있을 때 곧바로 냉동한다

냉동은 '유지'시키는 기술이다. 고기나 생선, 채소 같은 신선식품은 신선할 때 냉동하고, 조리된 반찬은 맛있을 때 냉동한다. 조리하고 남은 재료를 냉동할 것이 아니라 재료가 신선할 때 냉동해야 해동했을 때 처음의 맛을 그대로 유지할 수 있다.

원칙 2

식재료의 건조와 산화를 막는다

냉동 식재료의 품질이 떨어지는 이유는 두 가지다. 건조로 인해 식감이 푸석푸석해지고 공기와 접촉한 지방과 단백질이 산화하여 맛과 냄새가 변하기 때문이다. 건조와 산화는 냉동용 지퍼백이나 밀폐용기를 사용하여 식재료를 공기로부터 차단하면 막을 수 있다.

- 지퍼백은 반드시 냉동용을 사용해야 하고, 식재료를 넣은 다음에는 공기를 확실히 뺀 후에 보관해야 신선도가 유지된다.

원칙 3

재빨리 냉동한다

식재료를 급속 냉동하면 세포에 함유된 수분이 미세한 얼음으로 변하지만 어는 속도가 느리면 재료의 수분이 큰 얼음 결정이 되어 세포를 파괴하기 때문에 식감과 풍미가 떨어진다. 식재료는 가급적 얇고 평평하게 펴서 재빨리 냉동해야 한다. 얇고 평평하게 펼쳐 냉동한 식재료는 해동 속도도 빠르고, 식재료에 따라 필요한 만큼 접어서 손으로 쪼갤 수 있으므로 편리하다.

원칙 4

같은 크기로 만들어서 냉동한다

고르고 가지런히 냉동해두기 위해서는 같은 크기로 정리하는 것이 좋다. 그래야 요리할 때도 빠짐없이 해동·가열할 수 있어 요리가 맛있게 완성된다.

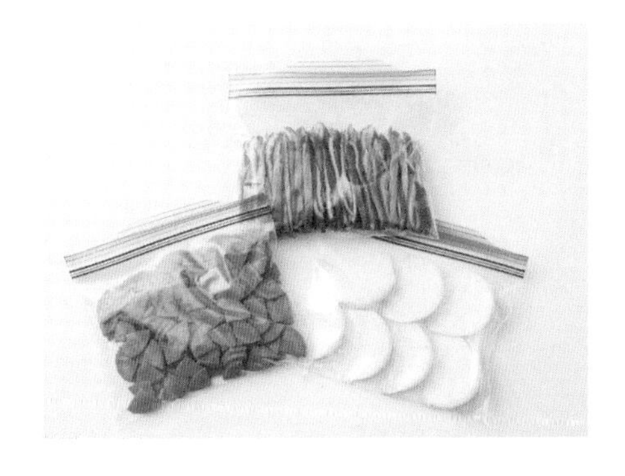

이것만 알면 당신도 달인이 될 수 있다

식재료 싸는 법 · 밑손질 포인트

식재료를 싸는 방법과 밑손질의 기본을 익혀 공기로 인한 건조와 산화를 방지하자

식재료 싸는 법 1

냉동용 지퍼백 속의 공기를 모조리 뺀다

냉동용 지퍼백의 네 귀퉁이까지 식재료를 빈틈없이 채운 후 평평하게 편다. 지퍼(잠금장치) 양 끝만 닫고, 가운데를 조금 열어둔 채 손바닥으로 지퍼백 아랫부분에서 위쪽으로 공기를 확실히 밀어내고 나서 지퍼를 완전히 닫는다.

- 지퍼백 아래쪽부터 김밥을 말 듯 식재료를 둥글게 말아 올리면 공기가 더 잘 빠진다.

식재료 싸는 법 2

랩으로 싸서 공기를 차단한다

재료의 표면을 랩으로 잘 싼 다음 냉동용 지퍼백에 넣어 공기를 차단한다. 랩으로 싸야 건조와 산화를 막을 수 있다. 자른 채소, 고기나 생선 토막 등 자른 단면이 보이는 재료는 반드시 랩으로 싸야 한다.

랩으로 식재료 꾸러미 만들기

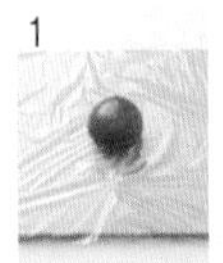

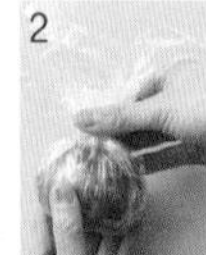

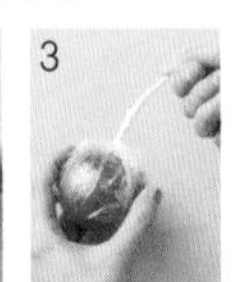

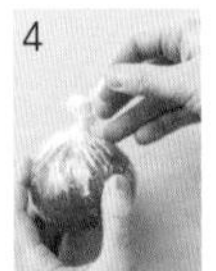

1. 큼지막하게 랩을 펼쳐 가운데에 재료(토마토)를 놓는다.
2. 랩을 끝에서 가운데로 끌어당겨 식재료를 싼다.
3. 공기가 들어가지 않도록 끌어당긴 랩을 한 방향으로 뱅글뱅글 돌려 꼰다.
4. 돌려 꼰 랩을 묶은 다음 냉동용 지퍼백에 넣는다.

식재료 싸는 법 3

적당량 소분하여 싼다

식재료를 한 덩어리로 냉동 보관하면 사용하지 않는 분량까지 해동하게 된다. 식재료를 다시 냉동하는 것은 좋지 않으므로 처음부터 사용하기 좋은 분량으로 소분하여 냉동해두면 편리하다.

1. 랩을 식재료(돼지 삼겹살이라면 3장씩 포갠다. 큰 것은 절반 정도로 자르면 쓰기 편하다)의 2배 폭이 될 정도로 약간 크게 펼친다.
2. 랩을 반으로 접은 다음 식재료를 끼워 공기가 들어가지 않게 싼다.
3. 두 번 접은 뒤 냉동용 지퍼백에 넣어 냉동한다.
4. 사용할 때에는 냉동용 지퍼백에서 꺼내서 사용할 만큼 가위로 잘라낸다. 나머지는 즉시 냉동실에 다시 넣는다.

1

2
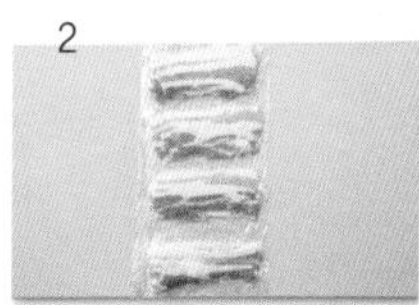
3
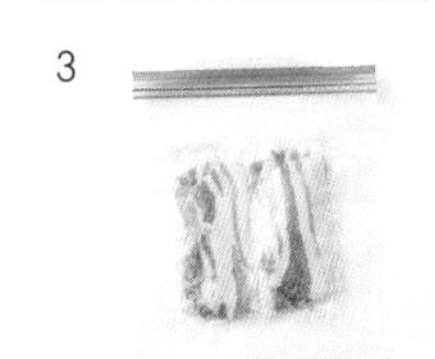
4
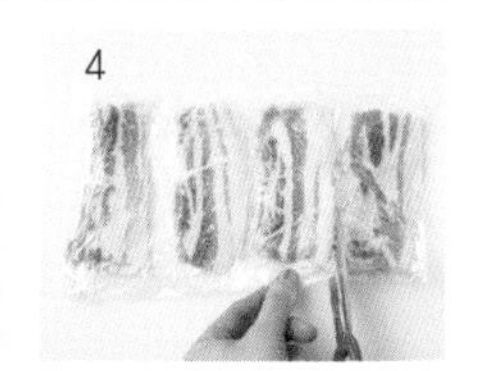

밑손질 작업 1

액체에 담가 냉동한다 · 글레이징(glazing)

물이나 맛간장, 양념장과 같은 액체에 재료를 담가 표면을 코팅(글레이징 처리)함으로써 공기에 의한 식재료의 건조와 산화를 방지한다.

- 바지락이나 재첩 등 조개류나 새우, 통째로 냉동하는 생선 등은 물에 전체를 담가 냉동한다. 왼쪽 사진은 보관용기에 재첩을 담았다.
- 국물이나 양념장에 식재료를 담가 냉동한다. 건조와 산화를 방지할 뿐만 아니라 식재료에 양념이 배어 맛이 좋아진다. 오른쪽 사진은 삼겹살 고추장절임이다.

밑손질 작업 2

살짝 데쳐서 냉동한다 · 블랜칭(Blanching)

시금치나 브로콜리 등 채소는 살짝 데쳐서 냉동하는 것이 가장 좋다. 살짝 데치는 것을 블랜칭(Blanching)이라 하는데, 블랜칭 처리를 하면 식재료의 조직이 연해지고 효소의 활성이 멈추기 때문에 신선도가 유지되어 맛과 식감이 변하는 것을 막을 수 있다.

- 데칠 때는 식재료(시금치)의 색이 선명하게 바뀔 정도로만 끓는 물에 살짝 익혀야 한다. 지나치게 익히면 해동했을 때 재료가 흐물흐물해지거나 색이 변할 수 있다. 데친 채소는 열을 식힌 후 냉동용 지퍼백에 넣어 냉동 보관한다.

6가지 해동 테크닉

냉동한 재료를 맛있게 먹기 위해서는 각각 적합한 방법으로 해동하는 것이 중요하다. 식재료가 얼음결정에 의해 손상을 입기 쉬운 영하 5°C~영하 1°C와 상온의 10°C~40°C, 이 두 온도대를 '마의 온도대'라고 부른다. 해동할 때 이 온도대를 천천히 통과하게 되면 식재료의 맛이 손상되어 버린다. 즉, 가열하여 단번에 해동하거나 마의 온도대가 되기 어려운 온도에서 해동하는 것이 이상적이다.

영하 5도~영하 1도,
10도~40도는
요주의!

해동 1 얼린 채로 가열해서 해동(가열 해동)

채소나 조개류 등을 해동하는 데 적합하다

냉동용 지퍼백의 네 귀퉁이까지 식재료를 빈틈없이 채운 후 평평하게 편다. 지퍼(잠금장치) 양끝만 닫고, 가운데를 조금 열어둔 채 손바닥으로 지퍼백 아랫부분에서 위쪽으로 공기를 확실히 밀어내고 나서 지퍼를 완전히 닫는다.

해동 2 얼음물에 담가 해동(빙수 해동)

고기나 생선 등에 알맞은 해동 방법이다

얼음을 넣으면 수온이 1°C 정도가 되어 식재료에 손상을 주지 않는 온도에서 해동할 수 있다. 저온인데다 물에 담그면 열이 전달되기 쉬워 빠르게 해동이 진행되는 것도 장점이다.

해동 3 흐르는 물에 해동(유수 해동)

고기나 생선 이외의 많은 식품에 적합한 해동 방법이다

흐르는 물에 해동하면 얼음물에 담가 해동하는 것보다 실온이나 수온의 영향을 받기 쉬워서 품질이 다소 변할 가능성이 있다. 하지만 신속하게 해동할 수 있는 장점이 있다. 해동할 때 손상되기 쉬운 생고기나 날생선을 제외한 대부분의 식품을 해동하는 데 적합하다.

해동 4 냉장고에서 해동(냉장 해동)

대부분의 식품에 적합하다

냉장고에서 해동하면 낮은 온도에서 안정되게 해동할 수 있어 좋다. 하지만 해동하는 데는 시간이 걸린다. 냉동해둔 식재료를 아침에 냉동실에서 꺼내 냉장고에 넣어두었다가 퇴근 후 바로 요리해 먹도록 하자.

해동 5 상온에서 자연해동(상온 해동)

빵, 화과자, 냉동 풋콩 등

특정 식품 이외에는 기본적으로 상온에 꺼내놓고 해동하는 것은 좋지 않다. 예외적으로 빵이나 화과자, 풋콩 등은 상온에서 해동해서 먹어야 맛있다.

해동 6 얼린 채 먹는다

일부 채소와 과일 등

얼린 채로 혹은 반해동 상태로 먹으면 시원한 식감을 즐길 수 있다. 과일은 물론 토마토와 같은 채소도 추천한다. 참마나 레몬 등과 같이 얼린 채로 강판에 갈아서 먹어도 좋다.

냉동 보관 전 후의 약속

이런 점에
주의하자!

냉동을 한 후에도 재료의 상태는 아주 완만하게 변화한다. 냉동실 안의 환경에 따라 재료의 품질 변화 속도도 달라진다. 다음 포인트에 주의하여 풍미가 떨어지는 것을 막아보자.

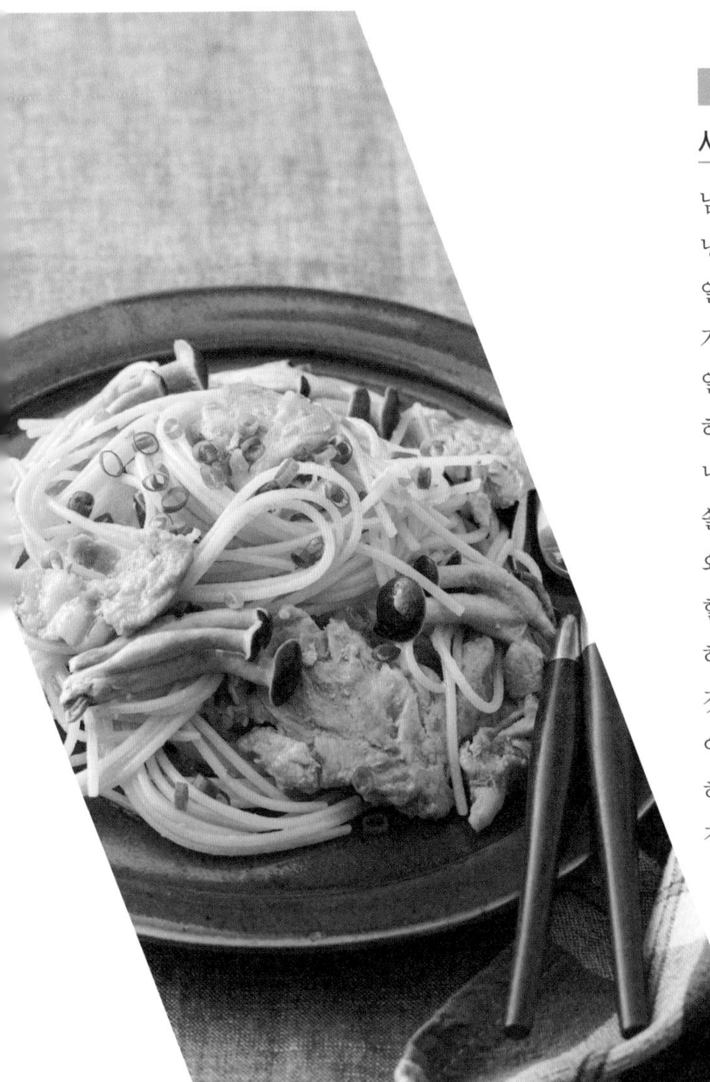

약속 1

사용할 것을 생각하고 냉동한다

남았으니까 일단 냉동해두자는 생각으로 냉동하면 결국 사용하지 않고 버리게 되는 일이 많다. 고기 등을 덩어리인 채 냉동했다가 해동이 귀찮아서 사용하지 않고 버리는 일도 있다. 그러므로 냉동해둔 것들을 유용하게 사용하기 위해서는 무엇에 쓰기 위해 냉동하는지를 생각해 두어야 한다.

쓸 곳을 정해놓으면 사용하기 좋은 크기와 분량이 정해지기 때문에 정리하여 냉동할 수 있다. 눈에 잘 보이게 하는 것도 중요하다. 쓰다 만 것, 빨리 다 먹을 필요가 있는 것은 냉동실의 눈에 띄는 곳에 수납하는 것이 좋다. 투명한 보관용기나 보관함을 이용하는 것도 좋다. 내용물이 잘 보이면 냉동실 정리에도 도움이 된다.

약속 2

기한을 정해 놓고 냉동했다가 적극 먹는다

'냉동해두면 언제까지나 괜찮다'고 생각하는 사람이 많다. 이런 생각은 잘못이다! 냉동해두고 먹지 않고 버린다면 냉동고는 단순한 데드 스톡 보관소가 되어 버린다. 냉동식품에도 먹을 수 있는 기한이 있다. 냉동한 재료는 기본적으로 1개월 이내에 다 먹는 것이 기준이다. 원래 오래 가지 않는 고기와 생선, 채소 같은 신선식품은 더 빨리 먹을 것을 권한다.

냉동한 것은 기한을 정해두고 적극 사용할 뿐만 아니라 신선한 식재료를 냉동하도록 냉동 사이클을 잘 만들어야 한다. 냉동한 식재료를 사용하는 것을 잊지 않기 위해 한 달에 한 번은 냉동실을 정리하는 습관을 들이자.

약속 3

냉동실의 온도가 올라가지 않게 한다

문을 열 때마다 냉동실의 온도는 올라간다. 정리가 되어 있지 않으면 식재료를 꺼내기 쉽지 않아 아무래도 냉동실 문을 열고 있는 시간이 길어진다. 냉동실의 온도가 올라가지 않게 하려면 무엇을 어디에 냉동했는지 제대로 파악할 수 있는 냉동실 정리 정돈이 매우 중요하다.

냉동실 안은 냉동식품이 많이 들어 있을수록 그것이 보랭제(아이스 팩) 역할을 하기 때문에 저온이 유지되기 쉽다. 하지만 너무 많이 넣으면 꺼내는 데 시간이 걸려 결국 냉기를 잃게 된다. 전체 공간의 70% 정도가 차 있는 상태가 가장 좋다는 것을 알아두어야 한다.

식재료를 보다 맛있고 편리하게 하는 냉동보관 도구

식재료를 보다 맛있게 냉동할 수 있고 요리하는 데도 편리한 냉동보관 도구를 소개한다

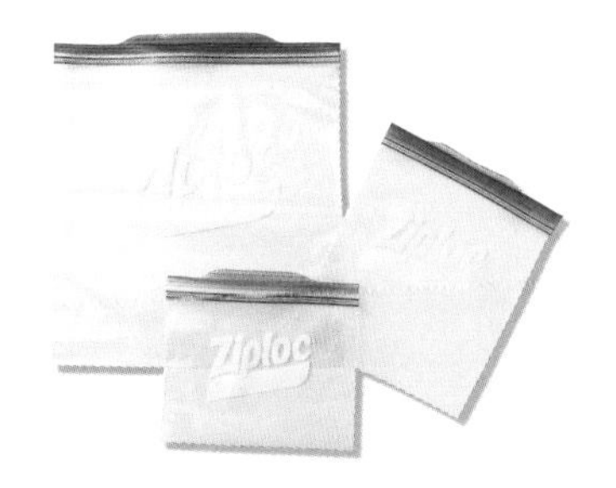

NO 1. 냉동용 지퍼백

지퍼백은 반드시 냉동용을 사용해야 한다. 냉동용 지퍼백는 두꺼운 재질로 되어 있어 냉동 보관 중 식재료를 보호해 준다. 더블 지퍼로 되어 있는 투명한 냉동용 지퍼백을 추천한다.

※ 여기서 말하는 지퍼백은 모두 냉동용 지퍼백을 말한다.

NO 2. 랩

공기에 의해 건조되거나 산화되기 쉬운 식재료는 랩으로 표면을 잘 싸서 냉동용 지퍼백에 넣으면 맛있게 냉동할 수 있다.

NO 3. 보관용기

밥이나 국, 죽 등 바로 해동하여 먹을 수 있는 음식은 전자레인지용 밀폐용기에 담아 냉동할 것을 권한다. 냉동 음식을 그대로 전자레인지에 넣어 가열할 수 있는 타입이 사용하기 편리하다.

NO 4. 금속 트레이

양념 등 액체가 들어간 식재료를 냉동할 때, 전체를 얇고 평평하게 펴서 냉동하는데 금속 트레이가 있으면 편리하다. 금속 트레이에 얇고 평평하게 펴서 냉동해두면 냉동실 내에 세워 깨끗하게 수납하기도 좋다.

NO 5. 보랭제(아이스 팩)

냉동하고 싶은 식재료 위에 얼린 아이스 팩을 올려두면 냉동실 문을 여닫을 때 온도 상승을 방지할 수 있다. 열기가 있는 식재료를 재빠르게 식히는 데도 보랭제를 유용하게 쓸 수 있다.

NO 6. 정리함

냉동용 지퍼백에 넣어 냉동한 식재료는 정리함을 사용하여 세워 수납해두면 꺼내기 쉽고 편리하다.

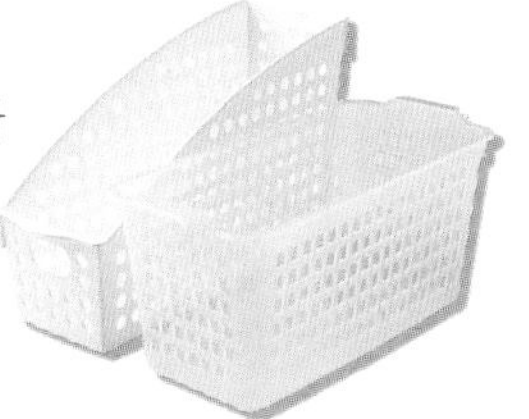

NO 7. 클립

지퍼가 없는 봉지일 경우에는 공기를 빼고 봉투의 입구를 단단히 봉해서 클립으로 고정하는 것이 좋다! 시판 냉동식품을 개봉한 뒤 쓰고 남은 것을 보관할 때도 클립을 활용하면 좋다.

NO.8. 전자레인지용 찜기

전자레인지용 찜기를 사용하면 냉동한 식재료에 고루 열을 가할 수 있으므로 전자레인지에서도 손쉽고 맛있게 요리할 수 있다.

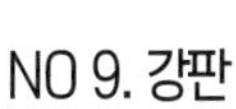

NO 9. 강판

토마토나 참마, 레몬 같은 식재료를 얼린 채로 갈 때 사용한다. 언 식재료는 단단하므로 강판은 튼튼하며, 구멍이 뚫린 타입이 사용하기 편하다.

NO 10. 얼음틀

얼음틀을 이용하면 소분하여 한 번 먹을 양만큼 냉동할 수 있고 사용하고 싶은 만큼 꺼낼 수 있어 편리하다. 이유식, 도시락 식재료, 커피 얼음, 디저트를 만드는 데도 유용하게 사용할 수 있다.

손쉽게 뚝딱 만들어 내기 위한

밑간 냉동 & 레시피

냉동은 '식품보관 방법'인 동시에 식재료를 맛있게 만드는 '냉동 요리'이기도 하다. 여기서는 냉동하기 전에 양념하여 맛을 내는 밑간 냉동법과 이를 활용한 레시피를 소개한다.

밑간 냉동이란?

냉동 보관하는 동안에
양념 맛이 배어
최단시간에
요리할 수 있다!

밑간 냉동이란 말 그대로 미리 식재료에 양념을 해서 냉동해 두는 보관법이다. 양념을 해서 만드는 요리라면 고기나 생선은 물론 채소도 가능하다. 이것저것 도전해 보고, 좋아하는 밑간 냉동 레시피를 찾아보기 바란다.

다양한 요리로 변신한다

간단히 밑간해서 냉동하기란?

간단히 밑간을 해서 냉동하기란 한두 가지 양념을 하는 것이므로 '소재'로서 요리의 장르를 불문하고 다양한 요리에 활용할 수 있다. 예를 들어, 소금과 올리브유로 밑간해서 냉동해둔 닭다리살을 활용해 치킨 로즈마리 소테와 닭고기 데리야끼, 치킨 토마토 조림 같은 3가지 요리를 할 수 있다.

이런저런 생각을 하지 않고도 할 수 있다

완전히 밑간해서 냉동하기란?

완전히 밑간을 해서 냉동해두면 해동 후 양념을 넣지 않고도 요리를 완성할 수 있다. 식재료를 '소재'가 아닌 '요리'로서 냉동하는 것이다. 즉, 맛의 방향이 정해져 있기 때문에 양념을 생각할 필요 없이 냉동실에서 꺼내 끓이거나 볶거나 굽기만 하면 맛있게 먹을 수 있다. 고기나 생선뿐 아니라 채소도 함께 냉동해두면 양념을 준비할 필요가 없다.

밑간해서 냉동해 두면 좋은 점 4가지

1. 양념으로 코팅하여 냉동해두면 식재료의 건조와 산화를 막을 수 있다.
2. 냉동해 두었을 때 & 해동했을 때 양념이 잘 배어 맛있다.
3. 식재료가 촉촉하게 완성된다.
4. 요리 시간을 단축할 수 있다.

밑간을 해서 냉동해 두면 식재료의 건조와 산화를 막을 수 있어 좋다. 양념해서 냉동하기 때문에 글레이징(glazing, 식재료를 물이나 맛간장, 양념장과 같은 액체에 담가 표면을 코팅하는 냉동법) 처리의 일종이라고도 할 수 있다. 냉동과 해동 과정에서 양념이 배어 고기나 생선이 촉촉하게 마무리된다. 요리하는 시간도 훨씬 단축된다.

밑간해서 냉동할 때 알아야 할 5가지

1. 양념장으로 재료의 표면을 코팅하여 냉동한다.
2. 당분이 함유되어 있는 양념을 첨가한다.(미림이나 꿀 추천)
3. 유분이 함유되어 있는 양념을 첨가한다.(올리브유나 미강유 추천)
4. 지퍼백에 넣고 공기를 최대한 뺀 다음 입구를 닫는다.
5. 되도록 균등한 두께로 얇게 펴서 평평한 상태로 냉동한다.

양념장에 담가 식재료의 표면을 코팅하면 건조와 산화를 막을 수 있다. 따라서 식재료의 표면이 제대로 양념장에 잠기도록 해야 한다. 당분이 함유되어 있는 양념을 넣으면 수분보충 효과로 고기나 생선이 촉촉해지고, 유분이 함유되어 있는 양념을 넣으면 건조를 막는 효과를 얻을 수 있다. 이것은 음식을 맛있게 완성하기 위한 중요한 포인트이다. 신속하게 냉동하고, 골고루 해동하기 위해서 식품을 냉동용 지퍼백에 넣은 즉시 평평하게 펴서 냉동하는 것도 중요하다.

주의사항

- 계량 단위는 1큰술이 15mL, 1작은술이 5mL이다.
- 양념에 대해 특별히 기재되어 있지 않은 것이 있다. 이 경우 간장은 진간장, 소금은 식염, 설탕은 상백당(백설탕), 된장은 기호에 따른 된장, 버터는 가염 버터를 사용했다.
- 양파, 당근, 감자, 마늘, 생강 등 보통 껍질을 벗겨 요리하는 식재료는 껍질을 벗기는 등 사전 준비 과정을 생략한 경우가 있다.
- 두부 한 모는 350g이다.
- 전자레인지, 오븐토스터, 오븐의 와트 수나 가열시간에 대해 특별한 언급이 없는 경우는 재현했을 때의 기준을 기재했다. 가열 시간은 제조사나 기종에 따라 다르기 때문에 상황을 보고 가감하면 된다. 가열할 때는 사용하는 기기에 있는 부속 취급 설명서에 따라서 고온에 견딜 수 있는 내열성 유리잔이나 믹싱볼 등을 사용하기 바란다.
- 액체를 전자레인지에 가열할 때 갑자기 끓어 올라 용기 외부로 액체를 내뿜는 '돌비현상'이 있을 수 있으므로 주의해야 한다.
- IH 쿠킹 히터의 경우, 바닥에서 1cm 정도 되는 적은 기름으로 튀기면 발화할 우려가 있다. 사용하는 기기의 취급 설명서를 읽고 나서 요리하기 바란다.
- 불 조절이 특별히 기재되어 있지 않은 경우에는 중불에서 요리했다.
- 어린이나 임신, 수유 중인 사람은 가열하지 않은 술이나 미림 사용을 삼가거나 충분히 가열하여 알코올을 날린 후 사용해야 한다.

3가지 레시피로 어레인지♪

간단히 밑간해서 냉동해둔 닭고기

닭다리살을 간단한 양념으로 밑간해서 냉동해두면 소테와 데리야끼 등 구이부터 조림까지 다양한 닭고기 요리를 뚝딱 만들어낼 수 있다. 촉촉하고 부드러운 닭요리를 기대해도 된다.

밑간해서 냉동

올리브유를 넣어 일식으로 어레인지

닭다리살+소금+올리브유

재료(1인분)

닭다리살 … 1장(약 250g)
올리브유 … 1큰술
소금 … 1/2작은술

냉동하는 법

1. 닭고기 표면에 있는 물기를 키친타월(페이퍼 타월)로 닦아낸다.
2. 1의 닭고기에 포크를 이용해 1cm 간격으로 구멍을 낸 뒤 양면에 골고루 소금을 뿌린다.
3. 냉동용 지퍼백에 2의 닭고기를 담고 올리브유를 넣는다.
   전체를 고루 섞으면서 공기를 뺀 다음 가급적 평평하게 펴서 냉동한다.

Recipe 1

로즈마리를 넣어 굽기만 해도 맛있다

치킨 로즈마리 소테

재료(1인분)

- 냉동 닭다리살+소금+올리브유 … 전량
- 로즈마리 … 적당량
- 이탈리안 파슬리 … 적당량
- 레몬 … 1/8개

만드는 법

1. 냉동 닭다리살+소금+올리브유는 지퍼백째로 믹싱볼에 담고 얼음물 또는 흐르는 물에 해동한다.
2. 프라이팬을 중불에 올린 후 1의 닭고기 껍질이 아래로 가게 해서 굽는다.
3. 닭다리살이 노릇노릇하게 구워지면 뒤집어주고 로즈마리를 넣은 다음 뚜껑을 덮는다. 속이 완전히 익을 때까지 확실히 익힌다.
4. 충분히 익었으면 접시에 담고 이탈리안 파슬리와 레몬을 곁들인다.

POINT

- 통째로 구울 경우에는 완전히 해동시켜야 가열 요리 시에 골고루 잘 익는다.

Recipe 2

흰쌀밥이 먹고 싶어지는 일식 메뉴

닭고기 데리야끼

미림과 간장으로 만든 소스를 발라서
윤기가 나게 구운 음식

재료(1인분)

- 냉동 닭다리살+소금+올리브유 … 전량
- 어린 양상추 … 적당량
- 방울토마토 … 2개

A

- 미림 … 1큰술
- 간장 … 1작은술

만드는 법

1. 냉동 닭다리살+소금+올리브유를 지퍼백째 믹싱볼에 담고 얼음물 또는 흐르는 물에 해동한다.
2. 프라이팬을 중불에 올리고, 1의 닭고기 껍질이 아래로 가게 해서 굽는다.
3. 노릇노릇하게 구워지면 뒤집은 다음 뚜껑을 덮고 약불로 익힌다.
4. 부드럽게 구워졌으면 A(미림과 간장)를 넣는다. 수분이 날아가 윤기가 나면 접시에 담고 어린 양상추와 방울토마토를 곁들인다.

Recipe 3

메인 디쉬에 어울리는 한 접시

치킨 토마토 조림

POINT

- 잘라서 밑간해둔 냉동 닭고기는 가열하면 녹으면서 잘 익으므로 얼린 채로 요리해도 된다.

재료(1인분)

냉동 닭다리살+소금+올리브유 … 전량
양파 … 1/2개
마늘(얇게 썬 것) … 한쪽 분량
후추 … 적당량
자른 토마토 캔 … 1/2캔(200g)
냉동 브로콜리 … 6송이
소금 … 1/2작은술
파슬리 적당량

만드는 법

1. 냉동 닭다리살+소금+올리브유는 지퍼백째 믹싱볼에 담고 얼음물 또는 흐르는 물에 해동한다.
2. 프라이팬을 센 불에 올리고, 1의 닭고기 껍질이 아래로 가게 놓은 다음 마늘과 결대로 썬 양파를 넣어 볶는다.
3. 닭고기 양면이 노릇노릇해지면 자른 토마토 캔과 냉동 브로콜리를 넣고 뚜껑을 덮은 후 중불에서 8분간 익힌다.
4. 뚜껑을 열어 약간 수분이 날아가면 소금과 후추로 맛을 낸 후 접시에 담고 다진 파슬리를 뿌린다.

익히기만 하면 완성♪

완전히 밑간해서 냉동해둔 닭고기

닭가슴살은 가격이 저렴하고 건강에도 좋지만 푸석푸석해서 맛이 없는 것이 흠이다. 하지만 밑간을 해서 냉동해두면 촉촉하고 부드럽게 변신한다. 냉동 닭가슴살만 있으면 오늘 밤 메뉴를 고민할 필요가 없다.

밑간해서 냉동

채소도 함께 냉동할 수 있다
소금누룩의 효과로 닭가슴살이 부드럽고 촉촉해진다

닭가슴살+소금누룩

재료(1인분)

닭가슴살 … 1장(250g)
대파 … 1/2
만가닥버섯 … 60g
당근 … 30g
A
소금누룩 … 3큰술
미림 … 2큰술

냉동하는 법

1. 닭고기는 껍질을 벗기고 표면에 있는 물기를 키친타월로 닦아낸다.
2. 1닭고기를 양쪽으로 펴서 1cm 두께의 한 입 크기로 자른다.
3. 냉동용 지퍼백에 2의 닭고기를 넣고, A의 소금누룩과 미림을 넣어 고루 섞으면서 얇고 평평하게 펴준다.
4. 대파는 어슷하게 썰고, 당근은 2㎜ 두께의 반달 모양으로 썰어준다.
   만가닥버섯은 밑뿌리를 제거하고 하나씩 떼놓는다.
5. 3닭고기 위에 4의 채소를 고르게 넣고 공기를 뺀 후 냉동한다.

소금누룩 : 누룩에 소금과 물을 넣어 발효시킨, 일본의 전통적인 양념.

Recipe

얼린 채로 익히기만 하면 된다! 채소도 듬뿍

닭고기 소금누룩구이

재료(1인분)

냉동 닭가슴살+소금누룩 … 전량
샐러드유 … 1큰술
물 … 2큰술

만드는 법

1. 프라이팬에 식용유를 두르고 냉동 닭가슴살+소금누룩을 얼린 채로 넣는다.
   위에서 분량의 물을 뿌린 다음 뚜껑을 덮고 중불에서 4분 정도 익힌다.
2. 1의 닭고기와 소금누룩을 잘 섞어준 후 다시 뚜껑을 덮고 4분 정도 더 익힌다.
3. 2의 뚜껑을 열고 센 불에서 수분을 날린다. 닭고기 표면이 노릇노릇하게 구워지면 접시에 담는다.

POINT

- 해동 불필요! 얼린 채로 프라이팬에 올려놓고 뚜껑을 덮어서 가열하면 된다.

매콤하고 풍미 있는 닭가슴살로 변신

닭가슴살+카레가루

재료(1인분)

닭가슴살 … 1장(250g)

A

요구르트 … 100mL
양파(다진 양파) … 2큰술
다진 마늘 … 2작은술
카레가루 … 2작은술
파프리카 파우더 … 2작은술
칠리 파우더(고춧가루) … 1/2작은술
소금 … 1/2작은술
후추 … 조금

냉동하는 법

1. 닭고기는 껍질을 벗기고 표면에 있는 물기를 키친타월로 닦아낸다.
2. 1닭고기를 양쪽으로 열고 포크를 이용하여 1센티미터 간격으로 구멍을 낸다.
3. 냉동용 지퍼백에 A(요구르트, 다진 양파, 다진 마늘, 카레가루, 파프리카 파우더, 칠리 파우더, 소금, 후추)를 넣고 섞은 후, 2의 닭고기를 넣어 버무린다.
4. 3의 공기를 뺀 다음 가급적 평평하게 펴서 냉동한다.

Recipe

건강에 좋은 닭가슴살이 볼륨 있는 한 접시로!

탄두리 치킨

요구르트와 향신료로 양념한 닭고기를 항아리 모양으로 생긴 화덕에다 구워낸 인도의 대표적인 닭요리

재료(1인분)
닭가슴살+카레가루 … 전량
샐러드유 … 1큰술
물 … 2큰술
크레송(물냉이) … 적당량

만드는 법

1. 냉동 닭가슴살+카레가루는 지퍼백째로 볼에 담아서 얼음물 또는 흐르는 물에 해동한다.
2. 프라이팬에 식용유를 두르고 분량의 물을 붓는다. ❶의 닭고기를 넣고 뚜껑을 닫은 후 중불에 4분 정도 익힌다.
3. 닭고기를 뒤집어 준 후 다시 뚜껑을 덮고 4분 더 익힌다.
4. 3의 뚜껑을 열고 센 불에서 수분을 날린다. 닭고기 표면을 노릇노릇하게 구워 접시에 담고 크레송을 곁들인다.

3가지 레시피로 어레인지♪

간단히 밑간해서 냉동해둔 돼지고기

원래 당분이 함유되어 있는 불고기 양념은 만들어서 냉동 보관해두면 편하다. 간장, 미림, 술 등을 분량만큼 넣어야 하는 번거로움도 없고, 맛도 확실히 결정된다.

밑간해서 냉동

고기야채볶음에 적합할 뿐만 아니라 파스타에도 사용할 수 있다

얇게 저민 돼지고기+불고기 양념장

재료(1인분)

얇게 저민 돼지고기 … 200g
불고기 양념장 … 2큰술

냉동하는 법

1. 냉동용 지퍼백에 돼지고기와 불고기 양념을 넣고 지퍼백째로 주물러 전체가 한데 잘 섞이게 한다.
2. 1의 공기를 뺀 다음 되도록 얇고 평평하게 펴서 냉동한다.

Recipe 1

얼린 채 채소 믹스와 볶기만 하면 완성

돼지고기 야채볶음

재료(1인분)

얇게 저민 냉동 돼지고기+불고기 양념장 … 전량
채소 믹스(자른 것) … 1봉지(숙주나물, 양배추, 양파, 당근, 피망이 들어간 채소 믹스 210g 사용)
참기름 … 1큰술

만드는 법

1. 프라이팬에 참기름을 두르고, 얇게 저민 냉동 돼지고기+불고기 양념을 접어서 손으로 쪼개어 넣는다. 여기에 채소 믹스를 위에 올린 다음 뚜껑을 덮고 중불에서 2~3분간 익힌다.
2. 1의 채소 숨이 죽으면 전체를 섞으면서 볶아 접시에 담는다.

POINT

- 얇게 저민 냉동 돼지고기+불고기 양념은 해동하지 않고 얼린 채로 접어서 손으로 쪼개어 넣어도 된다.

Recipe 2

양파의 단맛과 돼지고기 육즙의 하모니

돼지고기 양파볶음

재료(1인분)

얇게 저민 냉동 돼지고기+불고기 양념 … 전량
참기름 … 1큰술
흰 참깨(볶은 것) … 1/2작은술
양파 … 1개(250g 사용)
꿀 … 1작은술

만드는 법

1. 양파는 결대로 5㎜ 폭으로 썬다.
2. 프라이팬에 참기름을 두르고, 얇게 저민 냉동 돼지고기+불고기 양념을 접어서 손으로 쪼개어 넣는다. 그 위에 1의 양파를 올려놓고 뚜껑을 덮은 후 중불에서 3분간 익힌다.
3. 2의 양파가 나긋나긋해지면 전체를 볶아 고기를 익힌 다음 꿀을 넣어 섞는다.
4. 3을 접시에 담고 볶은 참깨를 뿌린다.

Recipe 3

불고기 양념 맛이라고 생각되지 않는 일식의 맛

돼지고기 일식 파스타

재료(1인분)

얇게 저민 냉동 돼지고기+불고기 양념 … 전량
만가닥버섯 … 150g
올리브유 … 1작은술
간장 … 2작은술
스파게티(건면) … 200g
소금 … 적당량
스파게티 삶은 국물 … 2큰술
실파 … 적당량

만드는 법

1. 뜨거운 물에 소금을 넉넉히 넣고 스파게티를 포장지에 기재되어 있는 시간 동안 삶는다.
2. 만가닥버섯은 밑뿌리를 제거한 후 하나씩 떼어주고, 실파는 잘게 썬다.
3. 프라이팬에 올리브유를 두르고, 얇게 저민 냉동 돼지고기+불고기 양념을 접어서 손으로 쪼개어 넣는다. 그 위에 2의 만가닥버섯을 올려놓은 후 뚜껑을 덮고 중불에서 3분간 찐다.
4. 만가닥버섯이 나긋나긋해지면 전체를 볶은 후 1의 스파게티와 삶은 국물, 간장을 넣고 다시 한 번 볶는다.
5. 4를 접시에 담고 2의 실파를 군데군데 뿌린다.

익히기만 하면 끝♪

완전히 밑간해서 냉동해둔 돼지고기

굽기만 하면 즉시 일품요리가 완성되는 점이 바로 '밑간해서 냉동해둔 고기'의 매력이다. 양념장에 절여 냉동해두면 돼지고기의 섬유질이 파괴되어 부드러워지고, 양념이 잘 배어든다. 촉촉하고 고소할 뿐 아니라 어딘가 다른 독특한 맛을 즐길 수 있다.

밑간해서 냉동

고기 야채볶음에도 사용할 수 있다
자주 하고 싶어지는 냉동 메뉴

돼지등심+간장+생강

재료(1인분)

돼지등심(생강구이용으로 얇게 썬 것) … 200g

A

간장 … 1큰술　　미림 … 1큰술
술 … 1큰술　　다진 생강 … 1큰술
참기름 … 1작은술

냉동하는 법

1. 돼지고기 표면에 있는 물기를 키친타월로 닦아낸다.
2. 냉동용 지퍼백에 A(간장, 미림, 술, 다진 생강, 참기름)를 넣고 혼합한 후 1의 돼지고기를 넣는다.
3. 2의 공기를 뺀 다음 가급적 평평하게 펴서 냉동한다.

Recipe

냉동해두었다가 구웠을 뿐인데 여느 때보다도 육즙이 가득하다

돼지고기 생강구이

재료(2인분)

냉동돼지등심+간장+생강 … 전량
방울토마토 … 적당량
양배추 … 적당량
파슬리 … 적당량

만드는 법

1. 냉동 돼지등심+간장+생강은 지퍼백째로 볼에 담고 얼음물 또는 흐르는 물에 해동한다.
2. 해동이 됐으면, 양념장은 지퍼백에 남겨두고 돼지고기만 꺼낸다.
3. 프라이팬을 중불에 올려 2의 돼지고기를 넣고 굽는다.
4. 돼지고기가 익으면 남겨둔 2의 양념장을 부어 수분을 날린다.
5. 4의 양념장이 걸쭉해지면 접시에 담고, 채 썬 양배추와 반으로 자른 방울토마토, 파슬리를 곁들인다.

덮밥이나 면류에 올려도 맛있는 한국인의 맛

돼지 삼겹살+고추장

재료(1인분)

얇게 썬 돼지 삼겹살 … 200g

A

간장 … 2큰술	미림 … 2큰술
술 … 2큰술	고추장 … 1큰술
설탕 … 2작은술	다진 마늘 … 1작은술

냉동하는 법

1. 돼지고기 표면에 있는 물기를 키친타월로 닦아내고, 4㎝ 폭으로 썬다.
2. 믹싱볼에 A(간장, 미림, 술, 고추장, 설탕, 다진 마늘)를 넣고 잘 섞은 후, 1의 돼지고기를 넣어 다시 섞는다.
3. 냉동용 지퍼백에 2의 돼지고기를 넣고 공기를 뺀 후 평평하게 펴서 냉동한다.

Recipe

좋아하는 채소와 함께 볶아서 먹으면 맛있다

매콤한 돼지고기 볶음

재료(1인분)

냉동 돼지 삼겹살+고추장 … 전량

양파 … 1/2개

당근 … 1/5개

부추 … 1다발(100g)

참기름 … 2작은술

흰 참깨(볶은 것) … 1작은술

만드는 법

1. 냉동 삼겹살+고추장은 지퍼백째로 볼에 담고 얼음물 또는 흐르는 물에 해동한다.
2. 양파는 결대로 1.5cm 폭으로 썰고, 당근은 직사각형으로 길게 자른다. 부추는 5cm 길이로 썬다.
3. 프라이팬에 참기름을 둘러 중불에 올려놓고, 2의 양파와 당근을 넣어 볶는다.
4. 3의 채소 숨이 죽으면 2의 냉동 삼겹살+고추장을 넣고 잘 섞어주면서 볶는다.
5. 돼지고기가 익으면 2의 부추를 넣고 재빨리 볶는다.
6. 5를 접시에 담고 볶은 참깨를 뿌린다.

2가지 레시피로 어레인지♪

간단히 밑간해서 냉동해둔 생선

생선을 그냥 냉동하면 어육의 섬유질이 파괴되어 수분이 나올 수 있으므로 소금을 뿌려서 냉동하는 것이 좋다. 소금에 절인 시판 자반고등어나 자반연어도 냉동보관하기에 적합하다.

밑간해서 냉동

소금을 뿌려 냉동함으로써 오래도록 맛을 유지할 수 있다

고등어+소금

재료(1인분)

고등어(토막) … 반 마리
소금 … 적당량

냉동하는 법

1. 고등어 토막을 절반으로 가른 다음 양면에 소금을 살짝 뿌린다.
2. 1의 고등어를 10분간 그대로 두었다가 수분이 나오면 키친타월로 닦아낸다.
3. 2의 고등어를 한 토막씩 랩으로 잘 싸서 냉동용 지퍼백에 넣고 공기를 뺀 후 냉동한다.

POINT

– 시중에서 판매하는 자반고등어는 키친타월로 물기를 닦아내고 같은 순서로 냉동하면 된다.

Recipe 1

간이 잘 배어 그냥 굽기만 해도 맛있다

고등어 소금구이

재료(1인분)

냉동 고등어+소금 … 한 토막

무즙 … 적당량

차조기 … 1장

만드는 법

1. 프라이팬에 오븐시트를 깔고 '냉동 고등어+소금'을 해동하지 않고 껍질을 아래로 하여 놓는다. 뚜껑을 덮고 중불에서 5분간 익힌다.
2. 뚜껑을 열고 약한 불로 양면을 굽는다.
3. 2를 접시에 담고 차조기와 무즙을 곁들인다.

Recipe 2

소금을 뿌려 냉동했기 때문에 잡내 없이 고급스럽게 완성된다!

고등어 된장조림

재료(1인분)

냉동 고등어+소금 … 1토막　　생강(얇게 썬 것) … 2장

A

술 … 80mL　　물 … 150mL

B

된장 … 30g　　설탕 … 2큰술

미림 … 1큰술　　채 썬 생강 … 적당량

만드는 법

1. 냄비에 A(술, 물)를 넣고 중불에 올린다.
2. 1이 끓으면 약불로 바꾼 후 생강과 냉동 고등어+소금을 얼린 채로 넣는다. 뚜껑을 덮고 5분간 조린다.
3. 2에 B(된장, 설탕, 미림)를 섞어 넣고 다시 6분간 조린다.
4. 3을 접시에 담고 그 위에 채 썬 생강을 올린다.

익히기만 하면 완성♪

완전히 밑간해서 냉동해둔 생선

된장 절임이나 누룩 절임 등 생선을 양념장에 절인 식품은 냉동 보관에 적합하다. 된장이나 누룩은 페이스트 상태라서 액체가 적으므로 랩으로 싸서 표면을 양념장으로 코팅한다.

밑간해서 냉동

백된장의 풍미가 배어 들어 더 맛있고 오래 간다

삼치+백된장

재료(1인분)

삼치(토막) … 4장　　소금 … 적당량

A

백된장(시로미소:콩보다 쌀 누룩을 많이 넣어 만든 된장으로 발효향이 적고 염분 농도가 낮다) … 200g

술 … 4큰술　　미림 … 2큰술

냉동하는 법

1. 삼치 양면에 소금을 살짝 뿌린다.
2. 1의 삼치를 10분간 그대로 두었다가 수분이 나오면 키친타월로 닦아낸다.
3. 믹싱볼에 A(백된장, 술, 미림)를 넣어 잘 섞은 다음, 2의 삼치 양면에 골고루 바른다.
4. 3의 삼치를 1토막씩 랩으로 싸서 냉동용 지퍼백에 넣는다. 공기를 뺀 후 최대한 평평하게 펴서 냉동한다.

POINT

– 된장의 양이 많아 표면을 완전히 코팅할 수 있는 경우 랩을 씌우지 않고 직접 냉동용 지퍼백에 넣어도 된다.

Recipe

백된장의 단맛과 구수함이 밥을 부른다

삼치 백된장구이

재료(1인분)

냉동 삼치+백된장 … 한 토막

청고추 … 2개

만드는 법

1. 냉동 삼치+백된장은 지퍼백째로 볼에 담아 얼음물 또는 흐르는 물에 해동한다.
2. 삼치 표면에 붙은 백된장을 키친타월로 잘 닦아낸다.
3. 프라이팬에 오븐시트를 깔고 2의 삼치를 넣는다. 뚜껑을 덮고 중불로 5분간 익힌다.
4. 뚜껑을 열고 약불로 줄여서 양면을 굽는다.
5. 4를 접시에 담고 구운 청고추를 곁들인다.

곁들이거나 작은 그릇에 내놓기에 최적♪

밑간해서 냉동해둔 채소

밑간해서 냉동 보관해두기에 좋은 식재료라면 고기를 많이 떠올릴 것이다. 하지만 채소를 밑간해 냉동하는 것도 좋다. 채소는 껍질을 벗기거나 잘게 자르는 등 손이 많이 가므로 한꺼번에 만들어서 냉동해두면 편리하다.

밑간해서 냉동

소금 간으로 섬유질을 유연하게 해 아삭아삭한 식감을 즐긴다

오이+소금+식초

재료(1인분)

오이 … 2개
소금 … 1/2작은술
초밥 식초 … 2큰술

냉동하는 법

1. 오이는 얇고 둥글게 썬다.
2. 믹싱볼에 1의 오이와 소금을 넣고 버무린 후 초밥 식초를 넣고 섞는다.
3. 냉동용 지퍼백에 2의 오이를 오이즙째 넣고 공기를 뺀 다음, 되도록 얇고 평평하게 펴서 냉동한다.

POINT

– 돼지고기를 밑간해 냉동할 때 양념장을 쓰는 것처럼 채소의 경우 초밥 식초(초밥 전용 식초)를 이용하면 좋다. 여러 가지 양념을 분량씩 넣는 번거로움도 없고, 맛도 확실하다.

Recipe

해동해 즉시 먹을 수 있다! 음식에 곁들여도 좋다

오이 초절임

재료(2인분)

냉동오이+소금+식초 … 전량

만드는 법

1. 냉동오이+소금+식초는 지퍼백째로 볼에 담고, 흐르는 물에 해동한다.
2. 1의 물기를 뺀 다음 접시에 담는다.

POINT

해동한 후에 미역이나 낙지를 넣어 먹어도 맛있고, 물기를 짜서 감자 샐러드에 넣어도 좋다.

언제 꺼내 먹어도 맛있는 아삭아삭한 식감의 무초절임

무+소금+식초

재료(1인분)

무 … 1/5개(200g 사용)
소금 … 1작은술
A
식초 … 3큰술
설탕 … 1작은술
고추 … 1개

냉동하는 법

1. 무는 껍질을 벗겨 은행잎 모양으로 얇게 썰고, 고추는 꼭지와 씨를 제거한 다음 잘게 썬다.
2. 믹싱볼에 1의 무와 소금을 넣고 버무린 후 A의 식초, 설탕과 1의 고추를 넣고 섞는다.
3. 냉동용 지퍼백에 2를 무즙째 넣고 공기를 뺀 다음, 되도록 얇고 평평하게 펴서 냉동한다.

Recipe

튀김이나 고기 요리 같은 뻑뻑한 요리에 곁들이면 좋다

무 초절임

재료(2인분)

냉동 무+소금+식초 … 전량

만드는 법

1. 냉동 무+소금+식초는 지퍼백째로 믹싱볼에 담고 흐르는 물에 해동한다.
2. 1의 물기를 뺀 다음 접시에 담는다.

시간이 있을 때 한꺼번에 만들어두면 편리하다

당근+올리브유+레몬즙

재료(2인분)

당근 … 1개(200g 사용)

소금 … 작은술 1

A

올리브유 … 2큰술

레몬즙 … 2큰술

냉동하는 법

1. 당근은 껍질을 벗겨 6cm 길이로 잘게 썬다.
2. 믹싱볼에 1의 당근과 소금을 넣고 버무린 다음 A(올리브유, 레몬즙)를 넣어 섞는다.
3. 냉동용 지퍼백에 2를 당근즙째 넣고 공기를 뺀 다음, 되도록 얇고 평평하게 펴서 냉동한다.

Recipe

와인이 마시고 싶어지는 세련된 조합

당근라페 (캐럿라페)

재료(2인분)

냉동 당근+올리브유+레몬즙(페이지 왼쪽) … 전량
파슬리 … 적당량

만드는 법

1. 냉동 당근+올리브유+레몬즙은 지퍼백째로 믹싱볼에 담고 흐르는 물에서 해동한다.
2. 1을 접시에 담고 다진 파슬리를 뿌린다.

POINT

해동한 후에 건포도나 호두(구워서 부순 것)를 넣어도 맛있다.

식탁이 화려하게 꽃 피는 컬러풀 요리

파프리카+마리네이드

재료(1인분)

파프리카(빨강, 노랑) … 각 100g

A

레몬즙 … 2큰술

올리브유 … 2큰술

식초 … 1큰술

설탕 … 2작은술

소금 … 1/2작은술

월계수 잎 … 1장

냉동하는 법

1. 파프리카는 꼭지와 씨를 제거하고 1cm 폭으로 얇게 썬다.
2. 냉동용 지퍼백에 A(레몬즙, 올리브유, 식초, 설탕, 소금)를 넣고 잘 섞어 마리네이드(요리하기 전에 맛을 들이거나 부드럽게 하기 위해 재워두는 양념장)를 만든다.
3. 2에 1의 파프리카와 월계수 잎을 넣고 공기를 뺀 다음, 가능한 한 얇고 평평하게 펴서 냉동한다.

Recipe

과육이 촉촉하고 달콤한

파프리카 마리네이드

재료(2인분)

냉동 파프리카+마리네이드 ··· 전량

차빌 ··· 적당량

만드는 법

1. 냉동 파프리카+마리네이드는 지퍼백째로 믹싱볼에 담고 흐르는 물에 해동한다.
2. 1을 접시에 담고 차빌을 곁들인다.

밑간해서 냉동

해동하기만 하면 멋진 전채요리를 후다닥 만들 수 있다

양파+연어+마리네이드

재료(2인분)

양파 … 1/2개
레몬(국산) … 1/4개
훈제 연어(얇게 썬 것) … 80g
올리브(검정, 씨를 뺀 것) … 8개

A
화이트와인식초 … 2큰술
레몬즙 … 2큰술
소금 … 1/2작은술
올리브유 … 2큰술
설탕 … 1작은술

냉동하는 법

1. 양파는 결을 따라 얇게 썰고, 훈제 연어는 길이를 반으로 자른다. 레몬은 껍질째 은행잎 모양으로 얇게 썰고, 올리브는 가로로 둥글게 자른다.
2. 믹싱볼에 A(화이트와인 식초, 올리브유, 레몬즙, 설탕, 소금)를 넣고 잘 섞어 마리네이드(양념장)를 만든 다음, 1을 넣어 무친다.
3. 냉동용 지퍼백에 2를 넣고 공기를 뺀 다음, 가능한 한 얇고 평평하게 펴서 냉동한다.

Recipe

촉촉하고 달콤한 양파가 연어를 만나다

양파와 훈제 연어 마리네이드

재료(1인분)

냉동 양파+연어+마리네이드 … 전량

만드는 법

1. 냉동 양파+연어+마리네이드는 지퍼백째로 믹싱볼에 담고 흐르는 물에 해동한다.
2. 1을 접시에 담고 차빌을 곁들인다.

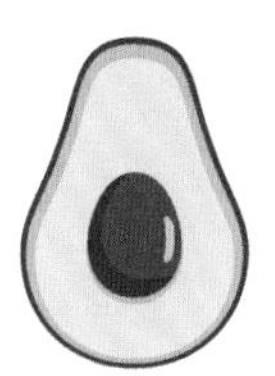

더 맛있다!

편리한 냉동 보관법 & 레시피

식품 냉동은 식재료를 새로운 모습으로 변신시키는 '마법'으로도 활용할 수 있다. 그 마법에 의해 새로운 식감이 생기고 영양가가 올라가며 단맛이 훨씬 돋보이기도 한다. 식재료를 즐기는 방법이 무한히 넓어지는 것이다. 얼린 채로 즐길 수 있는 레시피도 함께 소개한다!

초간단 나물♪

맛간장에 담가 해동한 채소

보통 나물은 채소를 데쳐서 요리한다. 하지만 채소를 날것 그대로 혹은 전자레인지에 돌려서 냉동해두었다가 맛간장에 담가 해동하는 방법이 있다. 이렇게 하면 채소의 맛도 영양도 살릴 수 있다.

맛간장에 담가 해동

소송채는 날것도 맛있게 먹을 수 있다

냉동 소송채+맛간장

재료(2인분)

소송채 … 100g

냉동하는 법

1. 소송채는 4cm 길이로 자른 다음 잎과 줄기 부분을 골고루 섞는다.
2. 냉동용 지퍼백에 1의 소송채를 넣고 공기를 뺀 다음, 가능한 한 얇고 평평하게 펴서 냉동한다.

Recipe

데치지 않아도 재료 본연의 맛을 충분히 즐길 수 있다

소송채 나물

재료(2인분)

냉동 소송채 … 전량
맛간장(멘쯔유) … 100mL
가쓰오부시 … 적당량

만드는 법

1. 냉동 소송채의 지퍼백을 열고, 소송채를 봉지 밑 부분으로 모은 다음 맛간장(멘쯔유)을 넣는다.
2. 냉동용 지퍼백의 공기를 확실히 뺀 후 지퍼를 닫는다. 소송채 전체가 맛간장에 잠기도록 만들어 접시 위에 놓고 실온에서 10~20분간 해동한다.(30분 이상 둘 경우 냉장고에 넣어둔다)
3. 2를 접시에 담고 가쓰오부시를 뿌린다.

POINT

– 맛간장을 직접 냉동용 지퍼백에 넣는다. 소송채 전체가 맛간장에 잠기게 할 것.

맛간장에 담가 해동

언제든 간단히 눅진눅진한 식감을 즐길 수 있다

냉동 가지+맛간장

재료(2인분)

가지 … 2개(200g 사용)

냉동하는 법

1. 가지는 꼭지 부분을 잘라내고 물로 씻는다.
2. 씻을 때 묻은 물기가 있는 그대로 1의 가지를 내열접시에 가지런히 놓고 전체가 덮이도록 랩을 씌운다.
3. 전자레인지에 넣고 가열한다.(가지 2개의 가열시간은 600W로 2분 30초 정도가 기준. 가지 크기에 따라 차이가 나므로 상태를 보면서 가감한다)
4. 전자레인지에서 꺼내어 랩을 벗긴 후 열을 식힌다.
5. 냉동용 지퍼백에 4의 가지를 넣고 공기를 뺀 다음 냉동한다.

Recipe

맛간장이 스며든 가지의 풍미가 혀에 녹아내린다

구운 듯 익힌 가지

재료(2인분)

냉동 가지 … 전량
다진 생강 … 1작은술
맛간장(멘쯔유) … 50mL
가쓰오부시 … 적당량

만드는 법

1. 냉동 가지 지퍼백의 지퍼를 조금 열어 내열접시에 놓고, 전자레인지에서 가열한다.ㅣ(가지 2개의 경우, 가열시간은 600W로 2분 30초 정도가 기준. 가지 크기에 따라 차이가 나므로 상황을 지켜보면서 가감한다. 약간 차가운 정도가 좋으므로 반드시 뜨겁게 데울 필요는 없다)
2. 1의 냉동용 지퍼백을 열고 맛간장과 다진 생강을 넣는다.
3. 2의 냉동용 지퍼백의 공기를 확실히 뺀 다음 지퍼를 닫는다. 가지 전체가 맛간장에 잠기도록 해서 접시 위에 놓고, 실온에서 10분간 해동한다.
4. 3을 접시에 담고 가쓰오부시를 뿌린다.

맛간장에 담가 해동

피망의 풋내와 쓴맛이 부드러워진다

냉동피망+맛간장

재료(2인분)

피망 … 4개

냉동하는 법

1. 피망은 꼭지와 씨를 제거하고 3mm 폭으로 잘게 썬다.
2. 냉동용 지퍼백에 1의 피망을 나란히 넣고 공기를 뺀 다음 가능한 한 얇고 평평하게 펴서 냉동한다.

Recipe

아삭아삭한 식감과 맛간장의 맛을 즐길 수 있는

피망 가쓰오부시 무침

재료(2인분)

냉동 피망 … 전량
맛간장(멘쯔유) … 200mL
가쓰오부시 … 적당량
뱅어포 … 적당량

만드는 법

1. 냉동 피망의 지퍼백을 열고 맛간장과 가쓰오부시, 뱅어포를 넣는다.
2. 1의 냉동용 지퍼백의 공기를 확실히 뺀 다음 지퍼를 닫는다.
   피망 전체가 맛간장에 잠기도록 해서 접시 위에 놓고 실온에서 10분간 해동한다.
3. 2를 접시에 담는다.

냉동해두면 새로운 식감을 즐길 수 있다♪

식감 체인지 냉동 보관법

보관이 아니라 식감을 바꾸기 위한 냉동을 '냉동조리'라 한다. '냉동할 수 없는 식품'이라고 소개되는 경우도 적지 않은 고구마, 달걀, 곤약을 맛있게 변신시키는 냉동법을 소개한다.

식감 체인지 냉동보관법

냉동하면 고기 같은 식감으로 바뀌는 두부를 즐긴다

두부

재료(2인분)

두부 … 1모(350g)

※목면두부(일반 두부), 비단두부(연두부) 중 어느 쪽이라도 OK! 냉동하면 목면두부는 언두부(두부를 잘게 썰어 얼려서 말린 것)와 같은 쫄깃한 식감으로, 비단두부는 유바(두부껍질. 두유에 콩가루를 섞어 끓여 그 표면에 엉긴 엷은 껍질을 걷어 말린 식품)를 포개놓은 듯한 고급스런 맛으로 바뀐다.

냉동하는 법

1. 두부는 물기를 뺀 다음 8등분으로 자른다.
2. 냉동용 지퍼백에 1의 두부가 부서지지 않도록 나란히 놓는다. 공기를 뺀 다음 금속 트레이에 올려 냉동한다.

POINT

- 두부를 냉동하면 노랗게 되지만 해동하면 원래의 흰색으로 되돌아온다. 해동한 두부는 손으로 부드럽게 물기를 짜낸 다음 요리한다.

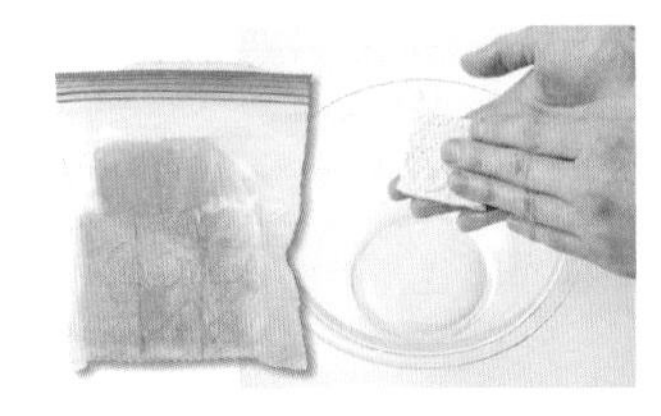

Recipe **1**

새로운 식감 & 포만감 만점

냉동 두부 스테이크

재료(2인분)

냉동두부 … 전량
소금 … 적당량
후추 … 적당량
밀가루(박력분) … 적당량
샐러드유 … 적당량

A

간장 … 1작은술
미림 … 1작은술
술 … 1작은술
설탕 … 1/2작은술

B

어린잎채소 … 적당량
경수채 … 적당량

만드는 법

1. 냉동두부는 지퍼백째 믹싱볼에 담고 흐르는 물에 해동한 다음 손으로 짜서 물기를 뺀다.
2. 1의 두부에 소금, 후추를 뿌려 밑간을 하고 밀가루를 묻힌다. 믹싱볼에 A의 양념을 넣고 섞는다.
3. 프라이팬을 중불에 올려놓은 다음 식용유를 두르고 2의 두부를 굽는다.
4. 3의 두부를 뒤집어주고, 양면이 모두 노릇노릇해질 때까지 구웠으면, A(간장, 미림, 술, 설탕)를 둘러 넣어 두부에 묻힌다.
5. 4를 접시에 담고 B를 곁들인다.

Recipe 2

치킨 너겟과 비슷한 식감으로 아이들도 만족해하는

냉동 두부 너겟

재료(2인분)

냉동두부 … 전량
튀김용 기름 … 적당량
방울토마토 … 2개
머스타드 … 적당량
달걀물(달걀 푼 것) … 2개분
어린 양상추 … 적당량
토마토케첩 … 적당량

A
닭육수 분말 … 2작은술
녹말가루 … 1큰술

만드는 법

1. 냉동두부는 지퍼백째로 믹싱볼에 담고 흐르는 물에 해동한 다음 손으로 잘 짜서 물기를 뺀다.
2. 믹싱볼에 1의 두부를 손으로 으깨서 넣고 A(닭육수 분말, 녹말가루)를 넣어 잘 섞는다.
3. 2를 타원형으로 만들어 튀김용 기름에 넣고 노릇노릇하게 튀겨낸다.(두부는 부서지기 쉬우므로 한쪽 면이 단단하게 뭉쳐진 후 뒤집는다)
4. 3의 기름기를 빼서 바스켓에 담고 어린 양상추, 방울토마토, 토마토케첩, 머스터드를 곁들인다.

Recipe 3

촉촉하고 부드러운 식감의 두부 튀김

냉동 두부 가라아게

재료(2인분)

냉동두부 … 전량
녹말가루 … 적당량
튀김용 기름 … 적당량
이탈리안 파슬리 … 적당량
레몬 … 1/8개

A

미림 … 100mL
간장 … 50mL
다진 생강 … 1큰술
다진 마늘 … 2작은술

만드는 법

1. 냉동두부는 지퍼백째로 믹싱볼에 담고 흐르는 물에 해동한 다음 손으로 짜서 물기를 뺀다.
2. 믹싱볼에 A(미림, 간장, 다진 생강, 다진 마늘)를 넣고 섞은 다음, 1의 두부를 넣고 양념이 잘 배게 한데 섞는다.
3. 2의 두부를 살짝 짠 다음 녹말가루를 묻혀 노릇노릇하게 튀긴다.
4. 3의 기름기를 빼서 바스켓에 담고 이탈리안 파슬리와 레몬을 곁들인다.

POINT

- 비단두부로 해도 되지만 목면두부로 할 것을 권한다.

Recipe 4

된장맛 닭 소보로 풍으로 만든다. 도시락용으로도 딱 좋다!

냉동 두부 소보로 덮밥

재료(2인분)

냉동두부… 전량
샐러드유 … 적당량
스크램블 에그 … 적당량
생강 … 15g
밥 … 적당량
청대 완두 … 적당량

A

적된장 … 1큰술(아카미소:대두를 사용해 만든 된장으로 시간을 들여 숙성하기 때문에 발효향이 강하고 염분 농도가 높다)
간장 … 작은술 2　미림 … 작은술 2　술 … 작은술 2　설탕 … 1큰술

만드는 법

1. 냉동두부는 지퍼백째로 믹싱볼에 담아 흐르는 물에 해동한다. 두부를 손으로 꼭 짜서 물기를 뺀 다음 쪼개어 믹싱볼에 담는다. 생강은 다져 놓는다. 꼬투리째 먹는 청대 완두는 줄기를 떼고 가볍게 데친 다음 채썰기한다.
2. 프라이팬을 중불에 놓고 식용유를 두른 다음, 1의 두부를 넣고 볶아 수분을 완전히 날린다.
3. 2의 수분이 없어지면, 1의 생강을 넣고 볶다가 A(된장, 간장, 미림, 술, 설탕)를 넣고 다시 볶는다.
4. 전체에 양념이 골고루 배어 된장 향이 나면 밥 위에 스크램블 에그와 함께 얹고 1의 청대 완두를 곁들인다.

식감 체인지 냉동보관법

노른자가 쫀득하게 굳어 농후한 맛으로 변신

달걀

재료(6인분)

달걀 … 6개

냉동하는 법

1. 달걀을 하나씩 랩으로 푹신하게 싼다.(랩이 쿠션 역할을 하여 얼기 전에 깨지는 것 방지)
2. 냉동용 지퍼백에 1의 달걀을 넣어서 냉동한다.
   달걀은 어는 데 시간이 걸리므로 꼬박 하루 이상 냉동한다.
   달걀이 얼면 속의 내용물이 팽창해서 금이 가지만 문제는 없으므로 안심해도 된다.

POINT

- 냉동란을 해동하면 가열하지 않아도 노른자가 굳어진다.
  반숙란 노른자보다 굳어져 젓가락으로 자를 수도 있다.

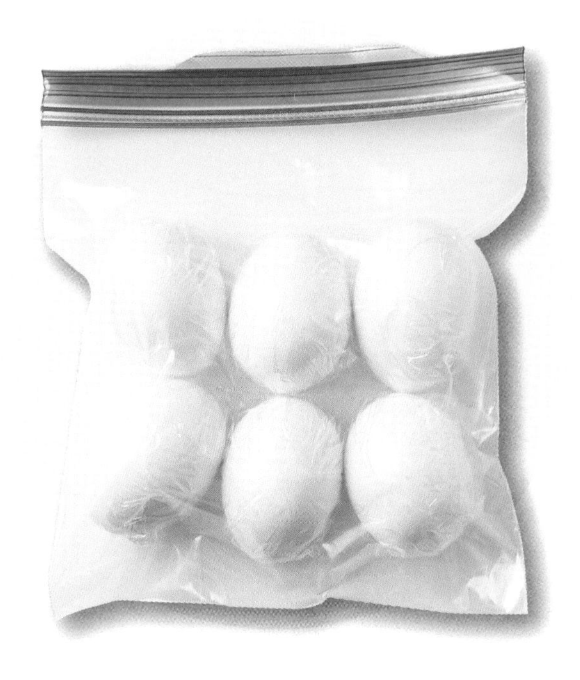

Recipe 1

특이한 식감을 즐길 수 있다! 밥에 올려먹어도 맛있다

냉동 달걀노른자 간장 절임

재료(1~3인분)

냉동란 … 3개

차조기 … 3장

흰 참깨(볶은 것) … 적당량

A

간장 … 3큰술

미림 … 3큰술

만드는 법

1. 냉동해둔 달걀은 랩을 벗겨 물을 넣은 믹싱볼에 담고 흐르는 물에 20~30분 해동한다.
2. 1의 달걀 껍질을 벗기고 노른자만 발라낸다.
3. 2의 노른자가 양념장에 자작하게 잠길 정도의 그릇을 준비해 A(간장과 미림)를 넣고, 2의 달걀노른자를 넣어 10분간 절인다.
4. 접시에 차조기를 깔고 3의 달걀노른자 간장절임을 얹은 다음 볶은 참깨를 뿌린다.

Recipe 2

달걀은 한 개이지만 노른자는 두 개를 즐길 수 있는 조식 메뉴

더블 노른자 달걀프라이

재료(1인분)

냉동란 … 1개
물 … 1큰술
방울토마토 … 1개
샐러드유 … 1큰술
어린 잎채소 … 적당량

만드는 법

1. 냉동해둔 달걀은 얼린 채로 물을 끼얹어 껍질을 벗긴 다음 절반으로 자른다.
   (냉동해둔 달걀은 미끄러우므로 놓치지 않도록 주의한다.)
2. 프라이팬에 식용유를 두르고, 얼린 채로 1의 달걀 자른 단면을 아래로 해서 넣은 다음 중불로 익힌다.
3. 2의 달걀이 지글지글 소리 내며 익기 시작하면 물을 끼얹고 뚜껑을 덮는다.
4. 3의 달걀이 원하는 만큼 익으면 접시에 담고 어린잎채소와 먹기 좋게 자른 방울토마토를 곁들인다.

POINT

- 냉동해둔 달걀을 자를 때는 노른자가 예쁘게 반이 되도록 자른다.

식감 체인지 냉동보관법

쫄깃쫄깃한 식감이 좋다! 다이어트에도 최적!

곤약

재료(2인분)

곤약 … 1장(300g)

냉동하는 법

1. 곤약은 세로로 절반을 자른 다음 길이가 짧은 부분부터 얇게 썬다.
   (떫은맛을 제거할 필요가 있는 곤약의 경우 삶은 다음, 소쿠리에 건져 열을 식혀서 냉동)
2. 냉동용 지퍼백에 1의 곤약을 넣어 공기를 뺀 다음 되도록 얇고 평평하게 펴서 냉동한다.

POINT

- 냉동한 곤약은 속에 있는 수분에 떫은맛이 응축되어 있으므로 해동한 후 물기를 완전히 짜내는 것이 포인트! 물을 짜면 스폰지 상태가 되어 씹는 식감이 아주 좋아진다.

Recipe

쫀득쫀득한 식감의 일본식 반찬

냉동 곤약 볶음

재료(2인분)

냉동 곤약 … 전량
유부 … 20g
고추 … 1/2개
흰 참깨(볶은 것) … 적당량
당근 … 1/4개(50g 사용)
참기름 … 2큰술
가쓰오부시 … 적당량

A
간장 … 2작은술
미림 … 1큰술

만드는 법

1. 냉동 곤약은 지퍼백째로 믹싱볼에 담아서 흐르는 물에 해동한다.(급할 경우 미지근한 물로 해동해도 좋다)
2. 해동된 곤약은 손으로 꼭 짜서 물기를 뺀다. 당근은 잘게 썰고, 유부는 직사각형으로 썬다.
   고추는 꼭지와 씨를 제거하고 잘게 썬다.
3. 프라이팬을 센 불에 올리고 참기름을 두른 다음 2의 당근을 넣어 볶는다.
4. 당근이 나긋나긋해지면 2의 곤약, 유부, 고추를 넣어 한데 잘 섞일 때까지 더 볶는다.
5. 4에 A(간장, 미림)를 넣고 살짝 볶은 후에 불을 끈다. 곤약 볶음을 접시에 담고 가쓰오부시와 볶은 참깨를 뿌린다.

식감 체인지 냉동보관법

쫄깃한 식감으로 샐러드 등의 악센트로!

실곤약

재료(2인분)

실곤약 … 1봉지(200g)

냉동하는 법

1. 실 모양의 아주 가는 실곤약은 체에 밭쳐 물기를 뺀다.
   (떫은맛을 제거해야 할 필요가 있는 실곤약의 경우 삶아서 체에 밭쳐 열을 식힌 후 냉동)
2. 냉동용 지퍼백에 1의 실곤약을 넣고 공기를 뺀 다음 되도록 얇고 평평하게 펴서 냉동한다.

POINT

- 해동하면 상당히 가늘어져, 원래의 실곤약과는 다른 느낌이 든다. 쫄깃한 식감이 맛있다.

Recipe

해파리 같은 식감이 즐거운 한 접시

냉동 실곤약 중화풍 샐러드

재료(2인분)

냉동 실곤약 … 전량
오이 … 1/2개
당근 … 1/4개(60g 사용)
햄 … 2장

A

초밥 식초 … 1큰술
간장 … 1큰술
참기름 … 1작은술
흰 참깨(볶은 것) … 2작은술

만드는 법

1. 냉동 실곤약은 지퍼백째로 내열 접시에 올린 다음 지퍼를 열고 전자레인지에 넣어 가열한다. (가열시간은 600W로 7분 정도가 기준)
2. 1의 실곤약은 칼로 4등분한 다음 손으로 저어 풀어준다. 오이, 당근, 햄은 잘게 썬다.
3. 믹싱볼에 A(초밥 식초, 간장, 참기름, 흰 참깨)를 넣고 섞은 뒤 2의 실곤약, 채소, 햄을 넣어 무쳐서 그릇에 담는다.

똑똑한 냉동 레시피로 더욱 건강하게♪

식품의 영양가를 높이는 냉동 보관법

냉동해두면 버섯은 감칠맛 성분인 구아닐산이, 재첩은 아미노산의 일종인 오르니틴이 증가한다. 영양가는 높아지고 섬유질이 파괴되어 국물이 잘 우러나는 점도 냉동 보관의 장점이다.

영양가 UP!

혈액을 맑게 해주는 구아닐산 성분이 더욱 풍부해진다!

버섯 믹스

재료(2인분)

만가닥버섯 … 60g
잎새버섯 … 60g
팽이버섯 … 60g
(표고버섯이나 느타리버섯 등 어떤 버섯이라도 냉동 가능)

냉동하는 법

1. 만가닥버섯, 잎새버섯, 팽이버섯은 밑뿌리를 제거하고 한입 크기로 떼어놓는다.
2. 냉동용 지퍼백에 1의 버섯을 넣어 공기를 뺀 다음 가능한 한 얇고 평평하게 펴서 냉동한다.

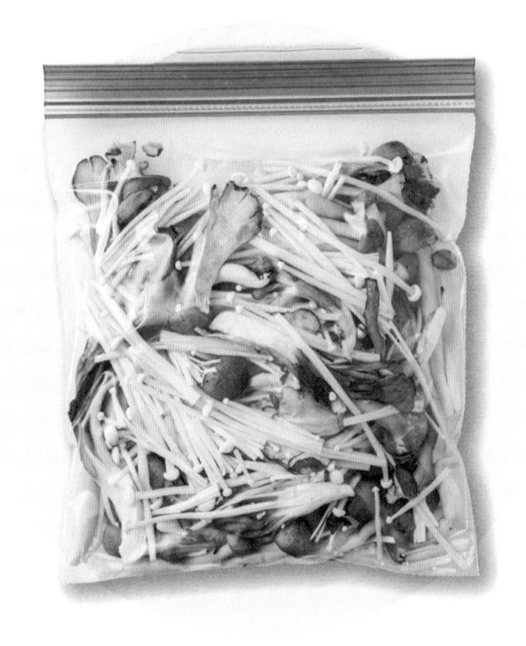

Recipe

버섯의 감칠맛이 밥에 스며들어 맛있다!

냉동 버섯을 넣어 지은 밥

재료(2인분)

냉동 버섯 믹스 … 전량

쌀… 2홉

물 … 규정의 양

A

간장 … 2큰술 미림 … 1작은술

술 … 1큰술 가쓰오부시 … 10g

만드는 법

1. 쌀은 씻어서 밥솥에 넣고, 규정된 양의 물과 A(간장, 미림, 술, 가쓰오부시)를 넣은 다음 그 위에 냉동 버섯 믹스를 올린다. 30분 정도 담갔다가 밥을 짓는다.
2. 1이 다 지어지면 주걱으로 잘 섞어 공기에 담는다.

영양가 UP

간 기능을 돕는 오르니틴 함량이 높아진다

재첩

재료(2인분)

재첩 … 200g

물 … 재첩이 잠길 정도의 양

냉동하는 법

1. 믹싱볼에 재첩을 넣고 흐르는 물에 껍질을 비벼가며 잘 씻어 소쿠리에 담는다.
2. 믹싱볼에 물 1L당 소금 3g을 넣은 소금물을 만들고 1의 재첩을 넣어 2~3시간 동안 해감한다.
3. 2의 재첩을 가볍게 물에 씻어 보관용기에 넣고 물을 부은 다음 뚜껑을 덮어서 냉동한다.

※ 요리할 때 얼음째 냄비에 넣어야 하므로 그 냄비보다 작은 보관용기를 사용한다. 재첩이 분량의 물에 다 잠길 수 있는 보관용기를 선택할 것.

※ 어는 데 시간이 걸리므로 꼬박 이틀 이상 냉동한다.

Recipe

재첩 국물이 녹아 있는 행복한 한 그릇

냉동 재첩 된장국

재료(2인분)

냉동 재첩 … 전량
된장 … 2큰술
물 … 300mL

만드는 법

1. 냉동 재첩을 얼린 채로 보관용기에서 꺼내 냄비에 넣는다.
2. 1의 냄비 뚜껑을 덮고 센 불에 올려 단숨에 익힌다.
3. 2가 끓어오르면서 재첩이 벌어지면 분량의 물을 붓고 한소끔 끓인 뒤 된장을 넣어 그릇에 담는다.
   (재첩의 맛이 풍부하게 우러나므로 된장을 적게 넣어도 된다)

POINT

- 냉동해둔 달걀을 자를 때는 노른자가 예쁘게 반이 되도록 자른다.

초간단 냉동으로 고급스런 후식을 만든다♪

통째로 하는 냉동 보관법

통째로 냉동하면 밑손질할 필요가 없어 간단하다. 껍질째로 냉동해두면 건조와 산화를 막아 맛을 오래 유지할 수도 있다. 통째로 냉동해두면 해동했을 때 보기에도 좋다.

통째로 하는 냉동보관법

반해동하면 그대로 아이스로 즐길 수 있다

아보카도

재료(4인분)

아보카도 … 2개(아보카도는 익어서 먹기 좋은 것을 고른다)

냉동하는 법

아보카도는 랩으로 잘 싼 다음 냉동용 지퍼백에 넣어 냉동한다.

※어는 데 시간이 걸리므로 꼬박 하루 이상 냉동한다.

POINT

– 냉동 아보카도를 완전히 해동하면 섬유질이 부드럽고 물컹해 식감이 좋지 않으므로 으깨서 야채에 발라 먹는 크림소스를 만드는 것이 좋다.

Recipe

살짝 해동하면 부드러운 아이스크림이 된다!

냉동 아보카도 내추럴 아이스

재료(2인분)

냉동 아보카도 … 1개

꿀 … 적당량

만드는 법

1. 냉동 아보카도는 식칼이 들어갈 정도가 될 때까지 상온에서 해동한다.
   (시간이 없을 경우 전자레인지에 돌려 해동해도 좋다. 가열시간은 600W로 30초 정도가 적당)
2. 1의 아보카도를 절반으로 잘라 씨를 제거한 다음 접시에 담고 꿀을 끼얹는다.

통째로 하는 냉동보관법

잘 익기 때문에 콩포트를 만들기 좋다

사과

재료(2인분)

사과 … 1개

냉동하는 법

1. 사과는 물에 잘 씻어 키친타월로 물기를 닦아낸다.
2. 1의 사과 심을 제거하고 랩으로 잘 싼 다음 냉동용 지퍼백에 넣어 냉동한다.
   (어는 데 시간이 걸리므로 꼬박 이틀 이상 냉동한다)

POINT

- 사과는 껍질째 통째로 냉동했다가 그대로 전자레인지에 넣고 가열하면 아주 간단하게 콩포트를 만들 수 있다.

Recipe

비주얼 만큼이나 맛좋은 디저트를 금방 만든다!

아이스크림을 곁들인 사과 콩포트

콩포트(과일을 설탕에 조려 따듯하거나 차갑게 먹는 프랑스의 전통 디저트)

재료(2인분)

냉동사과 … 전량
견과류 … 적당량
시나몬 파우더 … 적당량
아이스크림 … 적당량
꿀 … 적당량
민트 … 적당량

만드는 법

1. 냉동 사과를 싼 랩을 벗겨 내열 접시에 나란히 놓고 전체가 덮이도록 랩을 씌운다.
2. 전자레인지에 넣고 가열한다.
   (가열시간은 600W로 5분 정도가 기준. 사과의 크기에 따라 다르므로 상태를 보면서 가감한다)
3. 2의 사과를 먹기 좋게 잘라 그릇에 담는다.
4. 3에 아이스크림과 견과류를 올린다. 그 위에 꿀과 계피가루를 뿌리고 민트를 곁들인다.

놀랄 정도로 시원하고 맛있다♪

얼린 채로 강판에 간다

냉동한 채소나 과일, 채소주스 등을 얼린 채로 갈아서 먹으면 마치 흰 눈을 녹여먹는 듯한 식감을 즐길 수 있다. 요리를 장식하는 토핑으로도 활용할 수 있다.

강판에 간다

필요한 분량만큼 갈아서 사용할 수 있는 편리한 토핑!

참마

재료(만들기 쉬운 분량)

참마 … 1/3~1/2개

냉동하는 법

참마는 껍질을 벗겨 랩으로 잘 싼 다음 지퍼백에 넣어 냉동한다.
(굵은 참마는 강판에 갈기 어려우므로 손에 쥐기 좋은 크기로 잘라 냉동해두면 편하다)

Recipe

눈이 살살 녹는 것 같은 느낌을 즐긴다

냉동 참마를 갈아 얹은 오크라 나물

재료(2인분)

냉동 참마 … 80g

오크라 … 4개

맛간장(멘쯔유) … 적당량

만드는 법

1. 오크라는 소금을 넣은 물에 살짝 데쳐 대충 열을 식힌 다음 꼭지를 떼고 반으로 자른다.
2. 믹싱볼에 1의 오크라와 맛간장을 넣고 버무린다.
3. 냉동 참마는 필요한 만큼 랩을 벗겨내고 얼린 채로 강판에 간다.
   (필요한 만큼 강판에 간 다음에는 다시 랩으로 잘 싸서 지퍼백에 넣어 냉동실에 보관한다)
4. 2의 오크라를 접시에 담고 3의 냉동 참마 간 것을 끼얹는다.

POINT

- 냉동 참마는 얼린 채로 필요한 분량만큼 갈아서 사용하기에 편리하다.
  참치회나 차가운 메밀국수 등에 올려 먹기에도 좋다.

강판에 간다

메밀국수 같은 차가운 면이나 돼지고기 샤브샤브 샐러드에 사용

야채주스

재료(만들기 쉬운 분량)

야채주스 … 1팩(200mL)

냉동하는 법

야채주스는 팩을 여는 부분이 위로 가게 세워 냉동실 안에 넣어둔다.

Recipe

야채주스의 영양을 플러스! 얼음 없이도 청량감 만점

야채주스 셔벗 소면

재료(2인분)

냉동 야채 주스 … 적당량
실파 … 적당량
맛간장(멘쯔유) … 적당량
소면(건면) … 150g
생강 … 적당량

만드는 법

1. 소면은 규정 시간 삶아 찬물에 담갔다가 체에 밭쳐 물기를 뺀다. 파와 양파는 잘게 썬다.
2. 냉동 채소주스는 냉장고에서 꺼내 실온에 2분 정도 두었다가 팩의 입구 부분을 가위로 잘라낸 뒤 내용물을 절반 정도 밀어낸다.
3. 2의 냉동 야채주스를 강판에 갈아서 셔벗을 만든다.
4. 그릇에 1의 소면을 담고 그 위에 실파와 양하를 올린다. 3의 셔벗을 토핑하고 그 주위부터 맛간장을 붓는다.

POINT

– 팩 부분을 손으로 잘 잡고 강판에 간다. 먹기 직전에 갈 것!

강판에 간다

냉동해두면 껍질이 잘 벗겨진다! 보기에도 예쁘다

토마토

재료(만들기 쉬운 분량)

토마토(중) … 3개

냉동하는 법

1. 토마토는 물에 씻어 키친타월로 물기를 닦아낸다.
2. 1의 토마토를 하나씩 랩으로 싼 다음 한 방향으로 뱅글뱅글 돌려 묶어 꾸러미를 만든다.
   토마토 꾸러미를 냉동용 지퍼백에 넣어 냉동한다.

Recipe

입에서 녹을 때 올리브유 향이 나는

냉동 토마토 셔벗

재료(2인분)

냉동 토마토 … 1개　　스위트 바질 … 적당량

A

올리브유 … 1큰술　　소금 … 약간

만드는 법

1. 냉동해둔 토마토는 물을 끼얹어 껍질을 벗긴 후 강판에 간다.
2. 믹싱볼에 1을 넣고, A(올리브유, 소금)를 넣어 스푼으로 섞는다.
3. 그릇에 1를 담고 스위트 바질을 곁들인다.

POINT

– 냉동 토마토에 물을 끼얹으면 껍질이 잘 벗겨진다.
손에서 미끄러지기 쉬우므로 조심해서 갈아야 한다.

냉동기술이 맛있게 발전했다♪

시판 냉동 식재료 활용법

마트에는 엄선된 제철 재료를 급속 냉동하여 맛있고 영양가도 높은 냉동채소들이 많이 진열되어 있다. 밑손질도 다 되어 있어서 사용하기도 편한 냉동채소를 적극 활용해 보자.

냉동 식재료 활용

냉동 풋콩

수많은 냉동 채소 중 가장 잘 팔리는 것이 덜 익은 콩을 콩깍지째 딴 풋콩이다. 상온에서 해동하기만 해도 맛있게 먹을 수 있는데다 식재료로도 우수해서 다양한 요리에 활용하고 있다.

Recipe 1

풋콩에 와사비의 매운 맛이 살아 있다!

와사비에 절인 냉동 풋콩

재료(2인분)

냉동 풋콩 … 200g	물… 200mL
와사비(고추냉이) … 20g	소금… 1작은술

만드는 법

1. 지퍼백에 와사비(고추냉이)와 소금을 넣고 분량의 물을 붓는다.
   지퍼백을 손으로 주물러 와사비와 소금을 골고루 녹인다.
2. 1의 와사비(고추냉이)와 소금이 녹으면 냉동 풋콩을 얼린 채로 넣는다.
3. 2의 지퍼백의 공기를 완전히 뺀 다음 지퍼를 닫는다.
   풋콩 전체가 양념장에 잠기도록 해서 접시 위에 놓고 실온에서 30분간 해동한다.
4. 3을 그릇에 담는다.

POINT

- 지퍼백에 와사비(고추냉이)와 소금을 물에 푼 다음 얼린 채로 냉동 풋콩을 넣고 절인다.

Recipe **2**

맥주는 물론 백포도주에도 잘 어울리는 서양식 안주

페페론치노를 넣은 냉동 풋콩

재료(2인분)

냉동 풋콩 … 200g
마늘 … 1쪽
페페론치노(이탈리아 요리에 사용되는 매운 고추) … 1개
올리브유 … 1큰술
물… 2큰술
(취향에 따라 소금 · 후추 조금 첨가. 강한 맛을 원한다면 후추를 듬뿍 첨가)

만드는 법

1. 마늘은 다지고, 페페론치노(고추)는 꼭지와 씨를 제거한 다음 잘게 썬다.
2. 프라이팬에 올리브유를 두르고 1을 넣어 약한 불로 익힌다.
3. 2마늘이 노릇노릇해지면 냉동 풋콩을 얼린 채로 넣고 살짝 볶는다.
4. 3에 분량의 물을 붓고 뚜껑을 덮은 다음 중불에 2~3분간 익힌다.
5. 4의 풋콩이 해동되면 불을 끄고 취향에 따라 소금, 후추를 뿌려 접시에 담는다.

냉동 식재료 활용

냉동 브로콜리

냉동 브로콜리도 영양가가 높으므로 활용해보기를 권한다. 맛있게 먹는 요령은 너무 익히지 않는 것! 브로콜리는 냉동하기 전에 살짝 데쳤기 때문에 전자레인지에 가볍게 돌리다가 조금 차가울 때 끄고 나머지는 여열로 해동하는 것이 좋다.

Recipe

살짝 익혀 버무리기만 해도 맛있다!

냉동 브로콜리 다시마무침

재료(2인분)

냉동 브로콜리 …200g

물 …2큰술

다시마 …5g

참기름 …1큰술

만드는 법

1. 내열성 볼에 냉동 브로콜리를 넣고 분량의 물을 부은 다음 랩을 씌운다.
2. 전자레인지에 넣어 가열한다.
   (가열시간은 600W로 3분 10초 정도. 고루 가열되지 않을 경우 중간에 한번 저어서 섞어주면 된다)
3. 볼 속의 물을 버리고 다시마와 참기름을 넣어 무쳐서 접시에 담는다.

냉동 식재료 활용

냉동 새우 그라탕·냉동 파이시트

처음부터 만들자면 그라탕 파이는 매우 손이 많이 간다. 하지만 도시락용 반찬으로 판매되고 있는 컵 그라탕과 파이시트를 활용하면 아주 간단하다. 아이와 함께 만들기도 좋다.

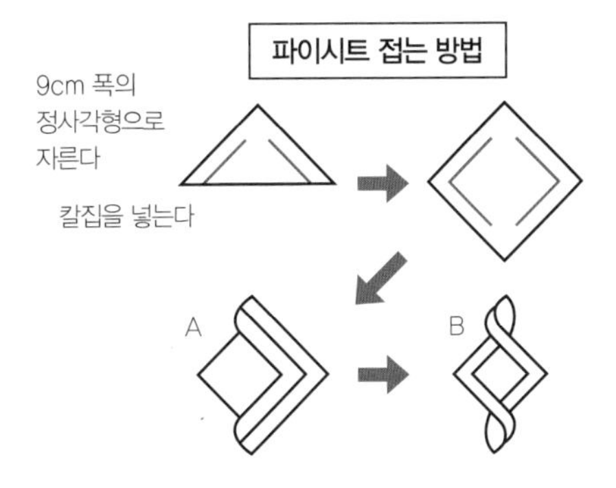

POINT

- 그림 B의 가운데부분에 손가락으로 살짝 구멍을 내고 새우와 치즈 그라탕을 얼린 채로 넣는다.

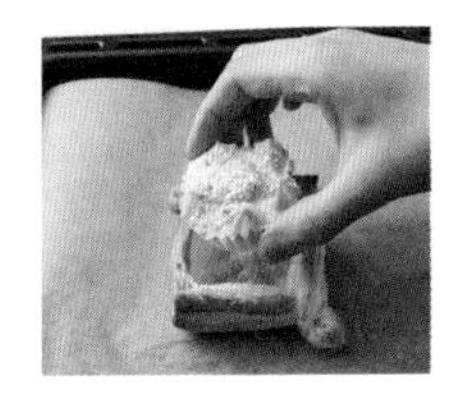

파이시트에 그라탕을 올려 굽기만 하면 된다!

새우 그라탕 파이

재료(2인분)

냉동 새우와 치즈 그라탕 … 2컵
냉동 파이시트 … 2장 ('파이시트 4매입'과 '새우와 치즈 그라탕' 사용)
난황액 … 적당량(노른자 1개분과 물 1작은술을 섞은 것)
이탈리안 파슬리 … 적당량

만드는 법

1. 오븐을 200도로 예열해 둔다.
2. 냉동 파이시트는 9cm 정사각형으로 자른다. 삼각형이 되도록 반으로 접어 칼집을 낸 후, 정사각형으로 펼쳐놓고 난황액(달걀 노른자액)을 바른다.
3. 칼집을 낸 모서리를 왼쪽 그림 A와 같이 접고, 교차하도록 다른 쪽 모서리를 왼쪽 그림 B와 같이 접는다.
4. 표면에 난황액을 바른 다음 오븐에 10~15분간 굽는다.
5. 다 구워지면 가운데 부분에 손가락으로 살짝 구멍을 내고, 냉동 새우와 치즈 그라탕을 컵에서 빼서 얼린 채로 넣는다.
6. 190℃의 오븐에서 5의 그라탕이 사르르 녹을 때까지 10분간 굽는다.
7. 다 익었으면 6을 접시에 담고 이탈리안 파슬리를 곁들인다.

냉동 식재료 활용

껍질째 냉동한 프라이드 포테이토

감자는 손질을 해야 하기 때문에 귀찮은 데다 빨리 익히기가 어렵다. 하지만 껍질째 냉동한 프라이드 포테이토를 사용하면 냄비에 넣고 살짝 가열하기만 하면 된다.

POINT

- 껍질째 냉동한 감자튀김은 얼린 채로 넣고 살짝 익히기만 하면 완성된다.

Recipe

얼린 채로 살짝 익히기만 해도 맛이 스며든다!

프라이드 포테이토로 만드는 초간단 고기 감자조림

재료(2인분)

껍질째 냉동한 감자튀김 … 200g

얇게 저민 돼지고기 … 100g

샐러드유 … 1작은술

냉동 강낭콩 (시판용) … 8개

양파 … 1/2개

A

맛간장(멘쯔유) … 150mL

미림 … 50mL

만드는 법

1. 양파는 결대로 얇게 썰고, 냉동 강낭콩은 얼린 채로 절반 길이로 자른다.
2. 냄비를 중불에 올리고 식용유를 두른 다음, 얇게 저민 돼지고기와 1의 양파를 넣어 볶는다.
3. 2의 양파가 익으면 A(맛간장, 미림)를 넣는다. 끓어오르면 껍질째 냉동한 프라이드 포테이토를 넣고 가볍게 저어준 후 뚜껑을 덮고 3분간 익힌다.
4. 마지막으로 냉동 강낭콩을 넣고 불을 끄고, 여열로 해동한 다음 접시에 담는다.

냉동 식재료 활용

냉동 단호박

단호박은 단단해서 칼로 자르기가 상당히 힘들다. 하지만 냉동 단호박은 먹기 좋은 크기로 잘라서 익혔기 때문에 간단하게 요리할 수 있어 편리하다. 게다가 단호박은 냉동해도 당도가 떨어지지 않기 때문에 매우 달고 맛있다.

POINT

– 껍냉동 단호박은 조림용으로 사용할 수도 있고 빵이나 과자의 재료로 활용할 수도 있다.
해동한 다음 으깨서 포타주(걸쭉한 수프)를 만들어도 좋다.

Recipe

달콤해서 맛있다! 전채요리나 빵에 끼워도 좋다!

냉동 단호박 샐러드

재료(2인분)

냉동 단호박 … 200g

건포도 … 20g 호두 …15g

이탈리안 파슬리 … 적당량(랩을 씌운다)

A

마요네즈 … 2큰술

플레인 요거트 … 2큰술

만드는 법

1. 내열성 볼에 냉동 단호박을 넣고 랩을 씌운다.
2. 전자레인지에 넣고 가열한다.(가열시간은 600W로 5분 정도가 기준)
3. 2의 랩을 벗겨 대충 열을 식힌 후 냉장고에 넣는다.
4. 다른 볼에 A(마요네즈, 플레인 요거트)를 넣고 잘 섞은 후,
   3의 단호박과 굵게 부순 호두, 건포도를 넣어 한데 버무린다.
5. 접시에 4를 담고 이탈리안 파슬리를 곁들인다.

냉동으로 채소의 단맛을 끌어낸다♪

단맛을 끌어내는 냉동 보관법

양파나 대파는 냉동해두면 섬유질이 파괴되어 단맛이 더 두드러진다. 양파를 굵게 다져 냉동해두면 카레나 스튜, 미트소스 등의 베이스로 사용할 수 있어 편리하다.

단맛을 끌어내는 냉동 보관법

다양한 요리의 베이스로 사용할 수 있어 편리한

양파

재료(1인분)

양파(중) … 2개(양파 300g 사용)

냉동하는 법

1. 양파는 굵게 다진다.
2. 냉동용 지퍼백에 1의 양파를 넣고 공기를 뺀 다음 되도록 얇고 평평하게 펴서 냉동한다.

Recipe

장시간 볶지 않아도 본격적인 맛으로 완성되는

냉동 양파 수프

재료(2인분)

냉동 양파 … 전량
소금 … 1/2작은술
분말 수프(고형 수프)… 1개
파슬리 … 적당량
올리브유 … 1큰술
물 … 300mL
바게트빵 … 2장
파마산 치즈(가루) … 적당량

만드는 법

1. 프라이팬을 센 불에 올려놓고 올리브유를 두른 다음, 냉동 양파를 얼린 채로 넣고 소금을 넣어 볶는다.
   (냉동 양파가 얼어 있을 때는 타지 않으므로 센 불에 볶아도 된다)
2. 1의 수분을 날린 후 중불로 줄여 노릇노릇해질 때까지 정성껏 볶는다.
   (수분이 없어지면 타기 쉬우므로 주의한다)
3. 2의 양파가 갈색빛이 나면 분량의 물과 분말 수프를 넣는다.(분말 수프는 주걱으로 으깨서 잘 풀어준다)
4. 3이 끓어오르면 약한 불로 줄여 5분 정도 끓인다.
5. 4를 그릇에 담고 토스트한 바게트빵을 얹은 다음, 잘게 썬 파슬리와 파마산 치즈를 뿌린다.

단맛을 끌어내는 냉동 보관법

단맛과 부드러운 식감이 매력!

대파

재료(1인분)

대파 … 1개

냉동하는 법

1. 대파는 1cm 두께로 굵게 썬다.
2. 냉동용 지퍼백에 대파를 넣고 공기를 뺀 다음, 되도록 얇고 평평하게 펴서 냉동한다.

Recipe

달콤하고 부드러운 대파가 파스타와 잘 어우러진다

냉동 대파 파스타

재료(2인분)

냉동 대파 … 전량
스파게티(건면) … 100g
마늘 … 1쪽
올리브유 … 2큰술
소금 … 적당량
검은 후추(거칠게 빻은 것) … 적당량

만드는 법

1. 프라이팬에 올리브유를 두른 다음 얇게 썬 마늘을 넣어 약한 불로 익힌다.
2. 1의 마늘이 살짝 익으면 중불로 줄여 냉동 대파를 얼린 채 넣고 숨이 죽을 때까지 볶는다.
3. 스파게티는 소금을 넣은 물에 삶아(패키지에 기재된 시간 동안) 체에 밭친 다음, 2의 프라이팬에 넣고 소금을 뿌려 섞는다.
4. 접시에 3을 담고 검은 후추(덜 익은 후추를 검은 외피째로 말린 것으로 향이 강하다)를 뿌린다.

아이와 함께 만들어보자♪

초간단 & 일품 디저트

냉동해두면 간식을 만들기도 편하다. 머랭(달걀흰자에 설탕을 조금씩 넣어 가며 세게 저어 거품을 낸 것)을 냉동해두면 아이스크림 제조기가 없어도 소르베를 만들 수 있고, 냉동 파이시트를 사용하면 아주 간단하게 초코파이도 만들 수 있다.

일품 디저트

냉동해두면 간단히 소르베를 만들 수 있다

냉동 레몬 머랭

재료(1인분)

달걀흰자 … 1개분 (M사이즈 달걀 사용)

레몬즙 … 2큰술

A

물 … 130mL　그래뉴당 … 50g

B

소금 … 적당량(소금은 손끝으로 집을 수 있는 한 꼬집 정도)

그래뉴당 … 6g

냉동하는 법

1. 냄비에 A(물, 그래뉴당)를 넣고 중불에 올린다.
2. 1의 그래뉴당(입자가 일반 백설탕보다 더 작아 물에 잘 녹는다)이 녹으면 불에서 내려서 레몬즙을 넣는다.
3. 믹싱볼에 2를 옮겨 냉장고에 넣고 10℃ 이하가 될 때까지 식힌다.
4. 다른 믹싱볼에 달걀흰자를 넣고 B(소금, 그래뉴당)를 첨가한 후 핸드믹서의 스피드를 높여 거품을 낸다.
5. 뿔처럼 뾰족한 모양이 나올 때까지 충분히 거품을 냈으면 식혀 둔 3을 넣고 고무주걱으로 혼합한다.
6. 냉동용 지퍼백에 5을 넣어 공기를 뺀 다음 가능한 한 얇고 평평하게 펴서 냉동한다.

Recipe

고운 눈 같은 빙과가 살살 녹는다

냉동 머랭으로 만드는 레몬 소르베

재료(2인분)

냉동 레몬 머랭 … 전량

만드는 법

1. 냉동 레몬 머랭을 냉동고에서 꺼내어 지퍼백째 손으로 구겨 부순다.
2. 믹싱볼에 1을 옮겨놓고 나무주걱으로 대충 섞어 그릇에 담는다.

일품 디저트

냉동 파이시트

냉동 파이시트(파이생지)는 사용하기 편리한 냉동식품이다. 판초콜릿 1장을 쪼개 냉동 파이시트에 끼워 자른 후 오븐에 굽기만 하면 미니 초코파이가 만들어진다.

Recipe

끼워서 잘라 굽기만 하면 순식간에 완성된다!

냉동 파이시트로 만든 미니 초코파이

2

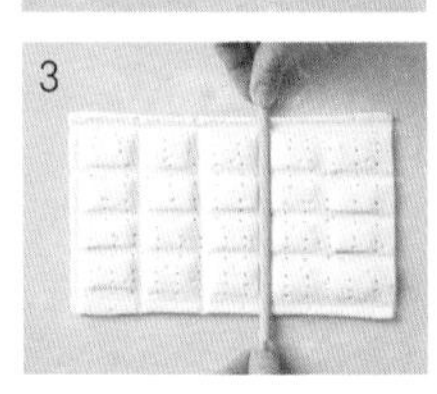

3

재료(4인분)

냉동 파이시트 … 2장(파이시트 4장 사용)

판초콜릿 … 1장　　　난황액 … 1개분(노른자 1개분과 물 1작은술을 섞은 것)

만드는 법

1. 냉동 파이시트는 실온에 10분간 놔두고 해동한다.
   2장 다 포크로 1cm 간격으로 구멍을 내고 그중 1장에는 난황액을 전체에 바른다.
2. 판초콜릿은 파인 홈을 따라 손으로 쪼개서 난황액을 바른 파이시트 위에 가지런히 놓는다(사진2).
3. 2의 위에 또 하나의 파이시트(구멍을 낸 면을 위로 가게 한다)를 포개고, 젓가락으로 파이 바깥쪽과 초콜릿 사이의 홈을 눌러 두 장의 파이시트를 붙인다.(사진3)
4. 3의 윗면 전체에 난황액을 넉넉히 바르고, 홈을 따라 칼을 넣어 자른 다음 오븐시트를 깐 팬 위에 간격을 두고 늘어놓는다.
5. 200℃로 예열한 오븐에 4의 팬을 넣고 20분간 구운 다음 꺼내 열을 식히면 완성이다.

Part
4

고기·어패류·채소·과일·가공식품
기본 냉동 보관법

삼겹살은 잘라서 냉동해야 하고, 토마토 껍질은 뜨거운 물을 끼얹으면 잘 벗겨진다 등 각 식재료에 맞게 냉동 보관하는 법과 먹는 방법을 자세히 소개한다.

육류는 건조와 산화를 막는 것이 철칙
드립을 잘 닦아내고 냉동해야 신선도가 잘 유지된다

닭가슴살 · 닭다리살

1. 닭가슴살 냉동

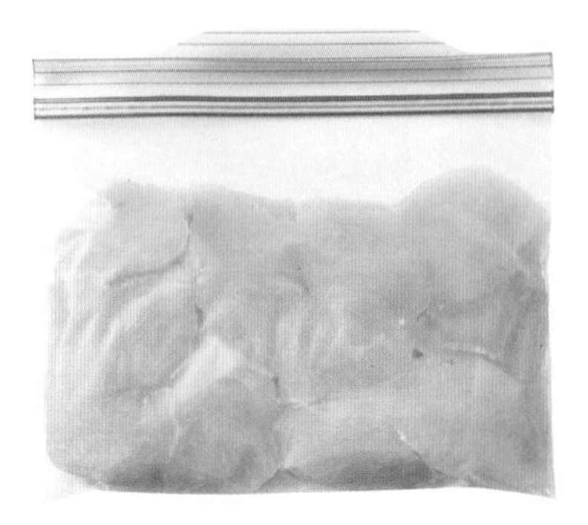

2. 자른 닭가슴실 냉동

신선한 상태의 고기를
바로 냉동하면 언제든지
맛있게 먹을 수 있다!

닭고기는 드립이라는 수분이 스며 나오지 않은 신선한 것을 구입하여 그날 사용할 양을 제외하고 나머지는 즉시 냉동하는 것이 좋다. 육류는 다 마찬가지지만 건조가 가장 큰 문제다!

[생으로 & 밑간해서 냉동]
닭가슴살, 닭다리살 모두 냉동할 때는 물기를 키친타월로 닦아내고, 덩어리 고기는 표면을 랩으로 잘 싸서 냉동용 지퍼백에 넣어 냉동한다. 자른 고기는 물기를 제거한 후 빈틈없이 나열하여 지퍼백에 넣고 가급적 공기를 뺀 후 냉동해야 한다. 닭가슴살과 닭다리살은 밑간해서 냉동할 것을 권한다.

[얼음물이나 흐르는 물에 해동]
냉동해둔 닭고기는 얼음물이나 흐르는 물에 해동한 후 요리한다. 닭가슴살은 치킨 샐러드나 찜닭 등에, 닭다리살은 튀김이나 치킨 소테 등에 이용하는 것이 좋다.

닭고기 안심 · 아랫날개(윙) · 윗날개(봉)

1. 닭고기 안심 냉동

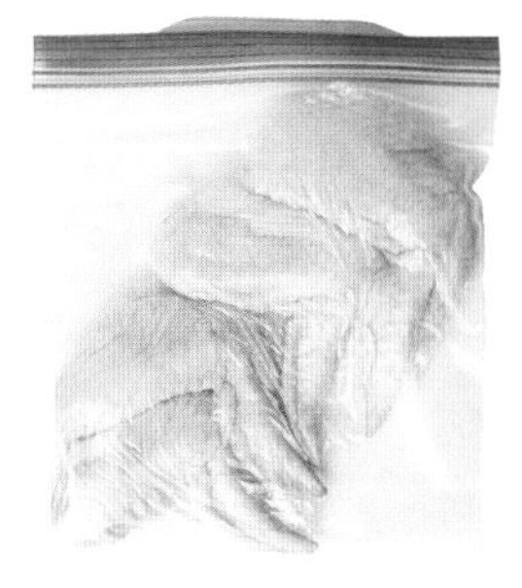

2. 아랫날개(윙) 냉동

3. 윗날개(봉) 냉동

소분하여 냉동해두면
사용하고 싶은 분량만큼
즉시 요리할 수 있다!

[생으로 냉동]
키친타월로 물기를 잘 닦아낸 후 닭가슴살과 아랫날개(윙)는 2개씩, 윗날개(봉)는 1개씩 랩으로 잘 싼 다음 냉동용 지퍼백에 넣어 냉동한다.

[얼음물이나 흐르는 물에 해동]
사용할 때는 얼음물이나 흐르는 물에 해동한 후 요리해야 한다. 해동한 후에는 생 닭고기와 마찬가지로 요리하면 되는데 크기가 작기 때문에 얼린 채로 익히면 된다. 닭가슴살은 삶아서 샐러드나 매실 무침 등을 만들면 좋고, 아랫날개(윙)와 윗날개(봉)는 조림이나 튀김 등을 만들어 먹으면 좋다.

얇게 저민 돼지고기 · 얇게 썬 삼겹살

1. 얇게 저민 돼지고기 냉동

2. 얇게 썬 삼겹살 냉동

자주 쓰는 얇게 저민 돼지고기도 냉동할 수 있다! 소분해서 냉동해두면 편리하다.

얇게 저민 돼지고기는 자른 단면이 넓기 때문에 건조와 산화를 억제하기 위해 그날 안에 사용하지 않는 분량은 즉시 냉동하는 것이 좋다.

[생으로 냉동]

얇게 저민 돼지고기와 얇게 썬 삼겹살은 키친타월로 물기를 닦아낸다. 얇게 저민 돼지고기는 그대로 냉동용 지퍼백에 넣고 균등한 두께로 얇게 펴서 공기를 뺀 다음 냉동한다. 얇게 썬 삼겹살은 11페이지에 소개한 것처럼 소분해서 랩으로 싼 다음 냉동용 지퍼백에 넣어 냉동한다.

[얼음물이나 흐르는 물에 해동]

얇게 저민 돼지고기는 얼음물이나 흐르는 물에 해동하고, 얇게 썬 삼겹살은 사용하고 싶은 만큼만 가위로 잘라내어 얼린 채로 볶거나 국물요리에 넣으면 맛있게 먹을 수 있다. 얇게 저민 돼지고기는 24~25페이지에서, 얇게 썬 삼겹살은 27페이지에 소개한 것처럼 밑간해서 냉동하는 방법도 권할 만하다.

도톰하게 썬 돼지 어깨등심(목심) · 돼지 삼겹살 덩어리

1. 도톰하게 썬 돼지 어깨등심 냉동

2. 돼지 삼겹살 덩어리 냉동

큰 덩어리 고기는
사용하기 좋은 크기로 잘라
냉동해두면 편리하다

큰 덩어리 고기는 그대로 냉동해 버리면 언 상태에서는 칼로 자를 수가 없다. 해동하는 데도 시간이 많이 걸리기 때문에 매우 불편하다.

[생으로 냉동]
돈가스나 소테용으로 도톰하게 썬 어깨등심(목심)은 그대로 랩으로 싸고, 삼겹살 덩어리는 사용하기 좋게 3cm 정도의 두께로 잘라 랩으로 싼 다음 냉동용 지퍼백에 넣어 냉동한다.

[얼음물이나 흐르는 물에 해동]
사용할 때는 얼음물이나 흐르는 물에 해동한 후 요리해야 한다. 도톰하게 썬 돼지 어깨등심은 돈가스나 포크 소테 등을 만들면 좋고, 돼지 삼겹살은 가쿠니(일본식 돼지삼겹살 간장 조림. 네모지게 썬 삼겹살을 간장에 조린 일본가정식 돼지고기 찜요리)나 돼지고기 수육 등을 만들어 먹으면 좋다.

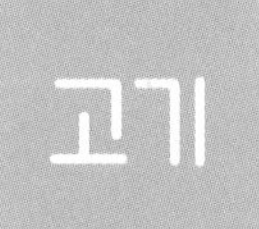

공기와 접하는 면이 많은 얇게 저민 고기나 다진 고기는
공기를 확실히 빼는 것이 포인트다

얇게 저민 소고기

신선할 때 냉동해두면
편리하게 사용할 수 있다.
밑간을 해서
냉동해도 좋다.

얇게 저민 소고기는 자른 단면이 많기 때문에 건조와 산화를 억제하기 위해 그날 사용하지 않는 것은 즉시 냉동 보관하는 것이 좋다.

[생으로 냉동]

먼저 물기를 키친타월로 닦아 냉동용 지퍼백에 넣고 균등한 두께로 얇게 펴면서 공기를 뺀 다음 냉동해두면 된다.

[얼음물이나 흐르는 물에 해동]

냉동해둔 얇게 저민 소고기를 사용할 때는 얼음물이나 흐르는 물에 해동한 후 요리한다. 해동한 후에는 생고기와 마찬가지로 고기와 카레 등 다양한 요리에 사용할 수 있다. 얇게 저민 소고기는 간장과 미림으로 만든 소고기 덮밥 풍미의 양념장이나 불고기 양념 등에 담가 냉동하는 것도 좋다.

도톰하게 썬 소고기

공기를 차단해서
냉동해두면 맛있는
스테이크를 언제라도
즐길 수 있다.

[생으로 & 밑간해서 냉동]
스테이크용으로 도톰하게 썬 소고기는 물기를 키친타월로 닦고 표면을 랩으로 잘 싼 다음 냉동용 지퍼백에 넣어 냉동한다.

[냉장고에서 해동]
도톰하게 썬 소고기는 냉장고에서 해동한다. 해동한 후 요리하기 30분 전에 냉장고에서 꺼내 실온에 두었다가 구우면 취향에 맞게 익히기가 쉬워 맛있는 스테이크를 즐길 수 있다. 올리브유로 표면을 코팅한 후 밑간해서 냉동해도 좋다. 올리브유와 함께 양파 등의 향미채소를 함께 냉동해두면 해동해 그대로 굽기만 해도 훌륭한 메인 요리가 된다.

소고기와 돼지고기를 섞어 다진 고기 · 다진 닭고기 · 다진 돼지고기

1. 쇠고기와 돼지고기를 섞어 다진 고기 냉동

2. 다진 닭고기 냉동

3. 다진 돼지고기 냉동

건조와 산화가
진행되기 쉬운
다진 고기는 공기를
확실히 빼서 냉동한다.

고기는 자른 단면이 많을수록 건조와 산화가 진행되기 쉽다. 다진 고기는 가장 잘게 잘라져 있기 때문에 그만큼 공기 접촉면이 많아 냉동할 때 특히 주의가 필요하다. 중요한 것은 어쨌든 공기를 확실히 빼서 냉동하고 빨리 소비하는 것이다.

[생으로 냉동]
다진 고기는 냉동용 지퍼백에 넣어 균등한 두께로 얇게 펴서 완전히 공기를 뺀 다음 냉동해야 한다.

[얼음물이나 흐르는 물에 해동]
냉동해둔 다진 고기는 얼음물이나 흐르는 물에 해동한 후 요리하여 가능한 한 빨리 먹는 것이 좋다.

Point
다진 고기는 냉장 보관하면 쉽게 변질되고 산화하기 쉬우므로 가급적 빨리 냉동한다.

햄 · 소시지

1. 햄 냉동

2. 소시지 냉동

냉동해두면 보다 오래 간다! 소분하여 냉동해두면 편리하게 사용할 수 있다.

[소분해서 냉동]

햄과 소시지는 염분이 많으므로 원래 오래 보관할 수 있는 식품이다. 하지만 냉장 보관하는 것보다는 냉동 보관하는 것이 더 오래 간다. 햄은 5장 정도, 소시지는 5개 정도씩 소분하여 랩에 싼 다음 냉동용 지퍼백에 넣어 냉동한다. 진공팩으로 시판되고 있는 것은 그대로 냉동실에 넣어도 된다.

[냉장고에서 해동 & 가열해동]

햄은 냉장고에서 해동하면 그대로 샐러드 등에 사용할 수 있다. 소시지는 얼린 채로 끓여서 먹거나, 살짝 익힌 후 프라이팬에 구우면 맛있게 먹을 수 있다.

생선은 어쨌든 신선도가 좋은 상태에서 냉동해야 한다
생선 상태에 따라 냉동 방법이 다르므로 체크하는 것이 좋다

날생선(토막)

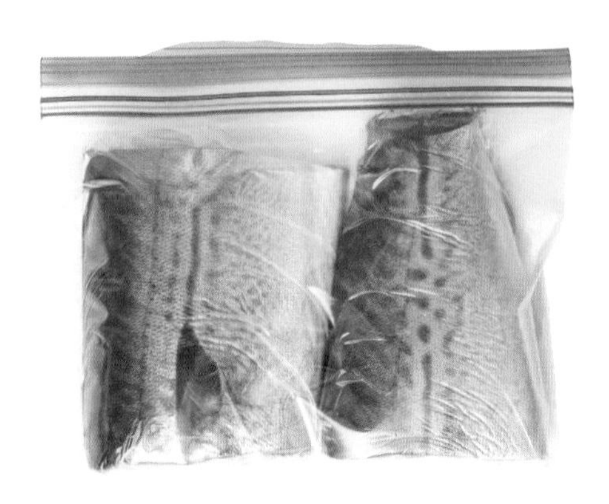

소금을 뿌려 냉동해야
육질이 보호되고
신선한 상태를
잘 유지할 수 있다!

생선토막은 건조하기 쉽고 드립이라고 하는 수분도 나오기 쉬우므로 그대로 냉동하는 것은 권하고 싶지 않다. 또한 생선은 고기보다 섬유질이 약해서 냉동 후 해동할 때 살이 으깨지기 쉽다는 난점도 있다.

[소금을 뿌려서 냉동]

날생선 토막은 소금을 뿌린 후 냉동하는 방법을 권한다. 날생선 토막의 양면에 골고루 소금을 뿌려 잠시 둔다. 그러면 삼투압에 의해 생선에서 수분이 나온다. 수분을 키친타월로 잘 닦고 랩으로 완전히 씌워서 냉동용 지퍼백에 넣고 공기를 뺀 다음 냉동한다.

[얼음물 & 냉장고에서 해동]

냉동해둔 날생선을 사용할 때는 얼음물에 해동하거나 냉장고에서 해동한 후 요리한다.

날생선(회)

1. 참치를 절여서 냉동

2. 연어를 양념해서 냉동

양념장으로 코팅하여
냉동해두면 산화를
방지할 수 있다!

생선 토막도 그렇지만 생선회용 생선도 그냥 냉동하는 것은 좋지 않다. 생선회는 가열하지 않고 생으로 먹기 때문에 가정에서는 냉동이 더 어려운 재료이다. 이런 생선회를 맛있게 냉동하기 위해서는 그대로 냉동하는 것이 아니라 밑간해서 냉동해야 한다.

[절여서 & 밑간해서 냉동]

참치회라면 절여서 냉동하고, 연어나 흰살 생선은 액체나 양념장에 담가서 그 양념과 함께 냉동용 지퍼백에 넣고 공기를 뺀 다음 얇게 펴서 냉동한다. 이렇게 하면 양념장이 생선을 코팅하여 건조와 산화를 방지하기 때문에 신선도를 유지할 수 있다.

[얼음물 & 냉장고에서 해동]

냉동해둔 생선회용 생선은 얼음물에 해동하거나 냉장고에서 해동하면 맛있게 먹을 수 있다.

Point

절여서 냉동해둔 참치를 밥이나 초밥용 밥에 얹고 냉동 참마를 얼린 채로 갈아서 끼얹으면 보기에도 예쁘고 식감도 좋은 참치 덮밥이 완성된다.

날생선(통째로)

통째로 얼음에 담가
냉동해야 신선한
상태가 잘 유지된다.

통째로 냉동하는 생선도 불순물이 섞이지 않은 물에 생선 전체를 담가 냉동(글레이징)해야 신선한 상태가 오래 유지된다. 주의해야 할 것은 절대로 생선을 잘라서는 안 된다는 것이다.

[통째로 물에 담가 냉동]
머리도 내장도 제거하지 말고 어쨌든 날 생선을 통째로 물에 담가 냉동해야 하고, 물 위로도 생선의 일부가 나오지 않도록 해야 한다.

[흐르는 물 & 냉장고에서 해동]
통째로 냉동해둔 생선을 사용할 때는 보관용기에서 꺼내 얼음째 흐르는 물에 해동하거나 냉장고에서 해동하는 것이 좋다.

Point
생선에 칼을 대면 칼이 들어간 곳을 통해 물이 침입하기 때문에 신선도가 떨어진다. 얼음에 절일 때에는 절대로 생선을 자르지 말 것!

건어물

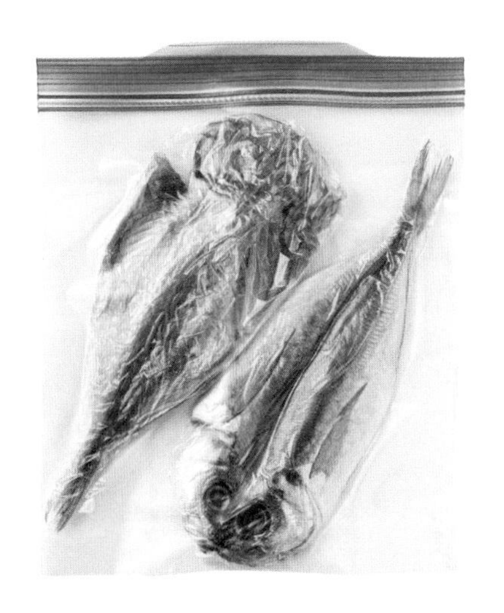

건조하기 쉬운 건어물은
냉동해야 맛이 오래
유지된다!

[그대로 냉동]
건어물은 건조되기 쉽고 산화되기도 쉬우므로 한 장씩 랩으로 잘 씌워서 냉동용 지퍼백에 넣고 공기를 뺀 후 냉동해야 한다.

[가열해동]
냉동한 건어물을 맛있게 먹기 위해서는 얼린 채로 강한 불에서 단번에 구워내는 것이 중요하다. 생선구이 그릴의 경우 먼저 건어물을 넣기 전에 그릴을 달궈서 충분히 데운다. 그릴이 데워지면 건어물을 얼린 채로 껍질을 아래로 해서 넣고 센 불에 굽는다. 가열하는 속도가 느리면 건어물을 해동할 때 수분이 나와 풍미가 떨어진다.

Point
건어물은 예열한 그릴에 얼린 채로 넣고 센 불로 단번에 구워야 맛있게 먹을 수 있다!

유통기한이 짧은 생새우나 생오징어, 생낙지 등도
냉동해두면 맛을 오래 유지할 수 있다

새우

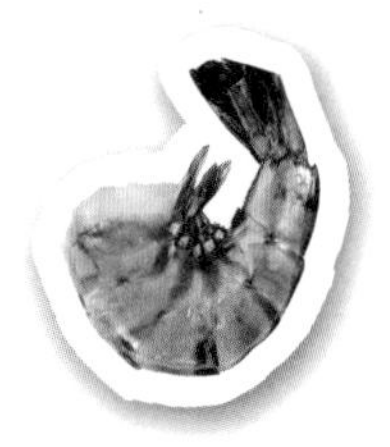

껍질을 벗기지 않은 채로
냉동해두면 신선한
상태가 잘 유지된다.

[통째로 물에 담가 냉동]

새우는 물에 전체를 담가 냉동(글레이징 처리)해두어야 신선한 상태가 잘 유지된다. 중요한 포인트는 바로 껍질이 붙어 있는 새우를 고르는 것이다. 껍질이 없는 흰 새우를 물에 담가 냉동해두면 물을 빨아들여 새우의 살이 뭉개져 버린다. 너무 작은 새우도 냉동에는 적합하지 않으므로 새우튀김 등에 사용할 수 있는 중간 크기 이상의 껍질이 붙어 있는 새우를 사용하는 것이 좋다.

[흐르는 물 & 냉장고에서 해동]

냉동해둔 새우를 사용할 때는 보관용기에서 꺼내 얼음째 흐르는 물에 해동하거나 냉장고에서 해동한 후 키친타월로 물기를 닦아 요리한다.

Point

반드시 껍질이 있는 중간 크기 이상의 새우를 선택한다. 냉장고에서 해동하는 시간을 단축하고 싶을 경우 얼음째 흐르는 물에 해동시켜도 된다. 참고로 급속 냉동해서 판매하는 냉동 새우를 활용하는 것도 좋다.

오징어

1. 껍질이 없는 오징어 냉동

2. 껍질이 있는 오징어 냉동

[잘라서 냉동]

오징어는 냉동해두면 조직이 파괴되어 살이 부드러워지고 단맛도 더해져 맛있다. 껍질이 없는 오징어는 3cm 사방으로 자르고, 껍질이 있는 오징어는 몸통과 다리로 나눈 다음 몸통을 둥글게 자른다. 각각 냉동용 지퍼백에 넣고 공기를 뺀 다음 지퍼를 닫고 얇게 펴서 냉동한다.

[흐르는 물 & 냉장고에서 해동]

냉동해둔 오징어는 흐르는 물이나 냉장고에서 해동한다. 생선회용 오징어라면 해동한 후에 생으로 먹으면 된다. 냉동해둔 오징어는 튀김이나 볶음 등 생 오징어와 동일하게 사용한다.

Point

오징어는 목적이나 취향에 따라 적당한 크기로 자르면 된다.

문어

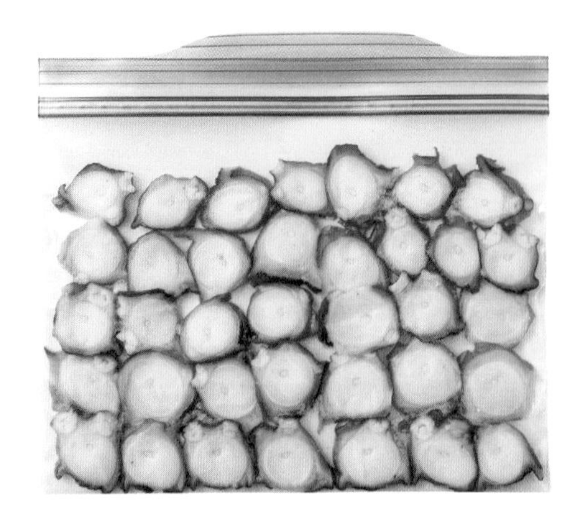

문어는 냉동해도
식감이나 풍미가
떨어지지 않는다!
회로도 먹을 수 있다.

생선회용 데친 문어는 냉동해도 식감과 풍미가 거의 떨어지지 않기 때문에 해동한 후에도 그대로 회로 먹을 수 있다.

[썰어서 냉동]
문어는 먹기 좋게 썰어 키친타월로 물기를 닦고 냉동용 지퍼백에 넣어 공기를 뺀 후 얇게 펴서 냉동한다.

[흐르는 물 & 냉장고에서 해동]
냉동해둔 문어는 흐르는 물에 해동하거나 냉장고에서 해동하는 것이 좋다. 해동한 후에는 생선회 외에도 카르파초(육류나 생선을 날 것 그대로 얇게 슬라이스하여 레몬과 올리브유를 뿌린 후, 케이퍼나 양파를 올려 먹는 이탈리아의 애피타이저)나 초무침은 물론 볶거나 튀겨도 맛있게 먹을 수 있다.

Point
오이 초절임에 넣어도 맛있다!

잔멸치

얼린 채 따뜻한 밥에
얹어 먹으면 맛있다!

마른 잔멸치도 건조와 산화를 막아야 하는 식품이다.

[그대로 냉동]
신선도가 좋은 멸치를 구했다면 그날 먹지 않는 분량은 바로 냉동용 지퍼백에 넣고 공기를 뺀 후 냉동하는 것이 좋다. 먹을 때는 해동할 필요가 없다. 얼린 채로 따뜻한 밥에 올려 먹어도 좋고, 무즙에 곁들여도 맛있게 먹을 수 있다.

Point
소송채 나물이나 피망 무침에 넣어도 맛있게 먹을 수 있다!

조개, 생선 알, 해조류도 냉동 보관하기에 적합한 식재료다
각 식재료에 맞는 저장방법으로 맛있게 즐겨보자

바지락 · 재첩

1. 바지락 냉동

2. 재첩 냉동

바지락이나 재첩 같은 조개류는 냉동해두면 섬유질이 파괴되어 조개육수가 더 잘 우러나온다. 그렇기 때문에 냉동해 둔 바지락이나 재첩으로 된장국이나 맑은 장국을 끓이면 국물이 더 맛있다. 재첩에는 아미노산의 일종인 오르니틴이 많이 함유되어 있는데 냉동해두면 생것보다 몇 배로 증가한다.

[물에 담가 냉동]
바지락이나 재첩은 먼저 해감을 하고 박박 문질러서 흐르는 물에 깨끗이 씻은 후 보관용기에 넣는다. 조개 전체가 잠길 때까지 물을 부은 다음 뚜껑을 덮어서 냉동한다. 끓일 때 냉동해둔 조개를 얼음째 냄비에 넣어야 하므로 냄비보다 작은 보관용기를 사용하는 것이 좋다.

[가열해동]
냉동해둔 바지락이나 재첩을 사용할 때는 얼린 채로 냄비에 넣고 뚜껑을 덮은 다음 센 불로 단번에 열을 가한다.

Point
요리할 때 가열 속도가 늦으면 껍데기가 잘 열리지 않으므로 주의해야 한다!

대구 알 · 명태 알(명란)

1. 대구 알 냉동

2. 명태 알 냉동

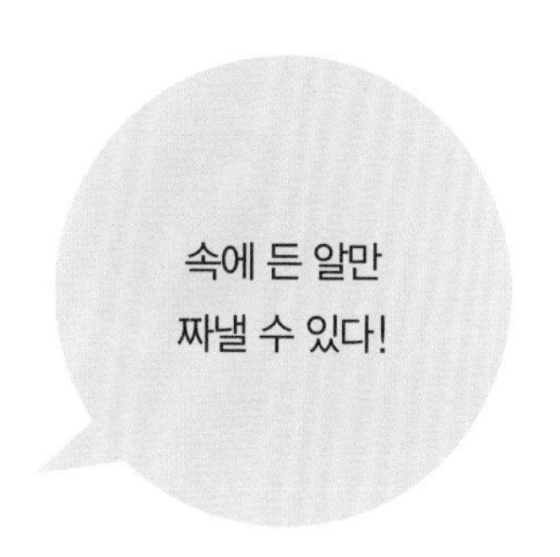

대구 알이나 명태 알은 냉동해도 식감과 풍미가 거의 변하지 않아 냉동 보관하기에 적합하다.

[그대로 냉동]
하나씩 랩으로 잘 싸서 냉동용 지퍼백에 넣고 공기를 뺀 후 냉동해야 한다.

[냉장고 해동]
먹을 때는 냉장고에서 해동하면 된다. 해동한 후에 대구 알이나 명태 알의 굵은 쪽을 랩째 조금 잘라 손가락으로 짜내면 튜브에 든 명란젓처럼 속에 든 알만을 짜낼 수 있어 편리하다. 따뜻한 밥과 함께 먹거나 파스타를 만드는 데 쓰는 등 날것일 때와 똑같이 사용할 수 있다.

Point
해동하고 나서 알주머니가 굵은 쪽을 랩째 조금 잘라 짜면 사용하기 편하다.

미역 · 큰실말

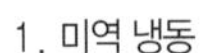

1. 미역 냉동

2. 큰실말 냉동

냉동해두면 바로 된장국을 끓이거나 초무침을 만들 수 있어서 편리하다!

생미역과 큰실말(꼬시래기)은 냉동 보관하는 것이 좋다.

[씻어 물기가 있는 그대로 냉동]
생미역을 냉동할 때는 한 입 크기로 잘라서 물에 씻은 다음 물기가 있는 그대로 냉동용 지퍼백에 넣고 공기를 뺀다. 입구를 닫고 얇게 펴서 냉동실에 넣는다. 큰실말을 냉동할 때도 씻어 물기가 있는 그대로 냉동용 지퍼백에 넣고 공기를 뺀 다음 얇게 펴서 냉동실에 넣는다.

[흐르는 물에 해동]
생미역이나 큰실말을 요리할 때는 흐르는 물에 해동해 된장국이나 초무침 등 날것과 동일하게 사용하면 된다. 건어물과 달리 신선도가 떨어지고 맛이 없어지는 생해조류는 가능한 한 빨리 냉동하는 것이 좋다. 냉동 보관해두면 언제든지 풍미가 풍부한 해조류의 맛을 즐길 수 있다.

Point
큰실말이나 데쳐서 냉동한 미역은 맛간장에 담가 해동해도 맛있게 먹을 수 있다.

다시마 · 가쓰오부시

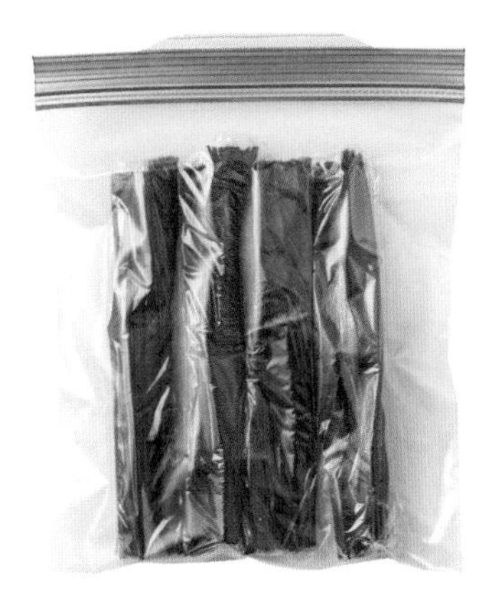

1. 다시마 냉동

2. 가쓰오부시 냉동

습기와 산화를 막아
향과 풍미를
유지시킨다!

다시마는 습기에 아주 약해서 습도가 높은 곳에 방치해두면 점점 풍미가 떨어진다. 가쓰오부시는 깎은 순간부터 산화가 진행되기 때문에 향기와 맛은 시간이 지남에 따라 사라져 버린다. 그러니까 다시마나 가쓰오부시 둘 다 냉동 보관하는 것이 최선이다.

[그대로 냉동]

다시마는 여러 장씩 겹쳐서 랩으로 싸고, 가쓰오부시는 그대로 냉동용 지퍼백에 넣어 냉동한다. 가쓰오부시의 경우는 지퍼백 안의 공기를 제대로 빼서 냉동하는 것이 중요하다. 다시마나 가쓰오부시는 해동할 필요 없이 얼린 채로 사용할 수 있다.

Point

냉동한 가쓰오부시는 얼린 채로 피망 가쓰오부시 무침에도 쓸 수 있다.

양배추와 경수채는 냉동해두면 식감이 약간 달라지지만,
익혀 먹는 요리에는 딱 좋다. 소송채는 생으로 냉동해서 스무디를 만들어도 좋다

양배추

익혀 먹는 요리라면
냉동 양배추로 해도 맛있다!
잘게 썰어 코울슬로를
만들어 먹어도 좋다.

양배추는 냉동했다가 해동하면 수분이 빠져나와 본래의 아삭함이 없어지기 때문에 생으로 먹기에는 식감이 그다지 좋지 않다. 하지만 익혀 먹는 요리라면 충분히 맛있게 먹을 수 있다.

[생으로 썰어서 냉동]
양배추를 냉동할 때는 4센티미터 네모나게 썰어서 냉동용 지퍼백에 넣고 최대한 공기를 빼서 냉동실에 넣어야 한다.

[가열 & 전자레인지 해동]
요리할 때는 얼린 채로 볶거나 수프나 스튜를 만들면 맛있게 먹을 수 있다. 1cm 폭으로 잘게 썰어서 냉동해도 좋다! 볶음요리나 국물요리 이외에도 전자레인지로 가볍게 가열한 후 열을 제거하고 물기를 짜면 코울슬로나 샐러드에 사용할 수 있다.

Point
1cm 폭으로 얇게 자른 것은 코울슬로에도 사용할 수 있다. 양배추는 잎이 단단해 냉동용 지퍼백에 넣어도 공기가 남아 있기 쉽다. 가급적 공기를 잘 뺀 다음 냉동하여 빨리 먹는 것이 좋다.

경수채

냄비요리에 넣고
샤브샤브를 만들어 먹으면
맛있다.

경수채는 냉동했다가 해동하면 가늘어져서 약간 탄력이 없어지기 때문에 샐러드용으로는 적합하지 않다. 하지만 국물요리에 넣거나 나물용으로 사용하면 맛있게 먹을 수 있다.

[생으로 냉동]
경수채를 냉동할 때는 먼저 밑동을 잘라내고 먹기 좋은 길이로 썬다. 그런 다음 냉동용 지퍼백에 넣고 공기를 빼서 냉동실에 넣어야 한다.

[가열해동]
나물로 먹을 때는 살짝 데쳐 사용하고, 국물요리에는 얼린 채로 넣으면 된다. 경수채를 맛있게 먹을 수 있는 것은 냄비요리이다. 얼린 채로 냄비에 넣어 샤브샤브를 만들면 맛있게 먹을 수 있다.

시금치

시금치를 살짝 데쳐
냉동하면 효소의 활성을
억제하고 풍미를
지킬 수 있다!

[데쳐서 냉동]

시금치는 살짝 데쳐 블랜칭 처리를 해서 효소의 작용을 억제해야 신선도와 풍미가 떨어지는 것을 막을 수 있다. 살짝 데친 시금치는 얼음물 또는 흐르는 물로 열을 제거하고, 꼭 짜서 물기를 제거해야 한다. 그런 다음 먹기 좋은 크기로 잘라서 냉동용 지퍼백에 넣고 공기를 뺀 후 균등한 두께로 얇게 펴서 냉동실에 넣으면 된다.

[가열해동 & 맛간장에 담가 해동]

얼린 채로 요리할 수 있지만 이미 살짝 데쳤기 때문에 너무 익히지 않도록 주의하자. 소테를 만들 때는 프라이팬에 버터와 함께 넣고 재빨리 볶아야 맛있고, 된장국 등 국에는 시금치를 마지막에 넣어야 맛있다. 시금치를 맛간장에 담가 해동해도 맛있게 먹을 수 있다.

소송채

1. 소송채를 생으로 냉동

2. 소송채를 데쳐서 냉동

냉동에 적합한 잎채소로
나물, 스무디 등
활용도가 높다!

소송채는 냉동해두기에 적합한 잎채소이다.

[생으로 & 데쳐서 냉동]
소송채 뿌리를 잘라내고 4cm 정도의 길이로 자른 후, 잎과 줄기를 섞어 냉동용 지퍼백에 넣고 공기를 빼서 냉동실에 보관하면 된다. 시금치처럼 살짝 데쳐 냉동해도 좋다.

[가열해동 & 맛간장에 담가 해동]
맛간장에 담가 해동해 나물로 먹을 수도 있고, 볶음요리나 국물요리에 넣어도 맛있게 먹을 수 있다. 생으로 냉동한 것을 얼린 채로 스무디를 만들어도 좋다. 냉동의 효과로 섬유질이 파괴되어 믹서에 갈았을 때 줄기가 남지 않기 때문에 식감이 부드럽다.

피망은 냉동해두기에 적합한 채소다
브로콜리나 양상추, 오이도 용도에 맞게 냉동해두면 맛있게 먹을 수 있다

브로콜리

브로콜리는 살짝 데쳐서
풍미를 유지시킨다.
약간만 익혀도 맛있다.

[데쳐서 냉동]

브로콜리는 굵은 줄기에서 작은 송이를 잘라 소금을 넣고 끓인 물에 데친다. 시금치와는 달리 브로콜리는 물에 담그지 않고 실온에서 식힌 후 냉동용 지퍼백에 넣어 냉동한다. 물에 담그면 수분 때문에 냉동 보관할 때 성에가 끼어 풍미가 떨어지므로 주의해야 한다.

[전자레인지 & 맛간장에 담가 해동]

요리할 때는 다시마 무침처럼 전자레인지에 넣고 해동하거나 소쿠리에 담고 위에서 끓는 물을 끼얹기만 해도 맛있게 먹을 수 있다. 냉동하기 전에 살짝 데쳐서 이미 익었기 때문에 가열 조리는 단시간에 하도록 유의해야 한다. 맛간장에 담가 해동해도 된다. 멘쯔유(맛간장) 대신 시로다시(가다랑어포와 다시마 등을 끓여 우려낸 국물에 간장, 설탕, 미림 등을 가미해 만든 맛간장)를 사용하면 더 맛있다. 한 번 시도해보라.

Point

자연 해동해도 되는 시판 냉동 브로콜리도 맛간장에 담가 해동하기에 적합하므로 활용해보기 바란다.

피망

피망은 얼린 채로
사용할 수 있고 생으로도
먹을 수 있다. 냉동해둔
피망은 쓴맛도 부드러워져
먹기 좋다!

피망은 냉동 보관하기에 아주 적합한 채소이다.

[생으로 냉동]
냉동할 때는 피망 꼭지와 씨를 제거하고 잘게 썰어서 냉동용 지퍼백에 넣은 후 공기를 잘 빼서 냉동실에 넣는다. 파프리카도 피망과 같은 방법으로 냉동하면 된다.

[가열해동 & 맛간장에 담가 해동]
요리할 때는 얼린 채로 볶음요리 등에 사용해도 되고, 맛간장에 담가 해동한 다음 피망 가쓰오부시 무침을 해도 좋다. 냉동해두면 피망 특유의 쓴맛도 부드러워지기 때문에 아이들도 잘 먹는다. 생으로 냉동한 파프리카는 그대로 양념장을 뿌려 해동해 먹으면 맛있다.

양상추

양상추는 가열
조리용으로
냉동해두면 편리하다!
국물요리나 볶음요리
등에 넣어도 맛있다.

수분이 많은 양상추를 냉동했다가 해동하면 수분이 빠져나와 본래의 아삭함을 잃기 때문에 씹히는 맛이 없다. 그렇기 때문에 냉동해서는 안 되는 채소라고 소개하는 경향이 있다. 하지만 익혀 숨이 죽은 양상추도 나름대로 맛있기 때문에 특히 냉동 양상추를 추천한다.

[생으로 냉동]
양상추는 심지를 떼고 먹기 좋은 크기로 손으로 쪼개어 냉동용 지퍼백에 넣고 가급적 공기를 뺀 다음 냉동한다.

[가열해동]
냉동 양상추는 얼린 채로 국물요리나 볶음요리에 넣어도 좋고 양상추 볶음밥을 만들어도 맛있다. 다만 양상추는 냉동용 지퍼백에 넣어도 공기가 남아 있을 수 있으므로 가급적 빨리 먹는 것이 좋다.

오이

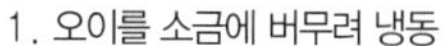

1. 오이를 소금에 버무려 냉동

2. 오이를 통째로 냉동

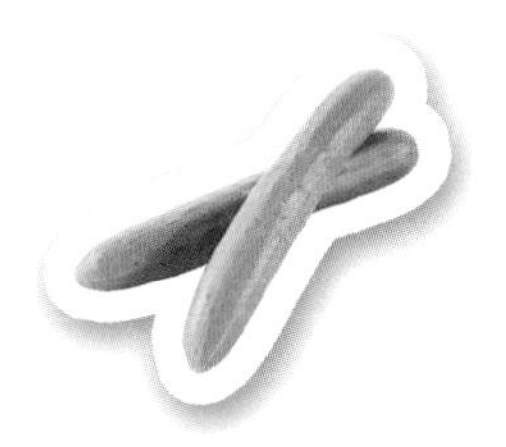

소금을 뿌려 버무리거나
오이 초절임을 만들어
액체와 함께 냉동한다.
냉동 오이는 초무침이나
피클로 먹는다!

오이는 수분이 많기 때문에 냉동해두면 식감이 좋지 않다고 생각하기 쉽지만, 냉동하는 방법에 따라서는 맛있게 먹을 수도 있다.

[소금이나 식초에 절여 냉동]
기본적으로 오이는 소금에 버무리거나 초절임을 만들어 지퍼백에 넣어 냉동하면 된다. 오이를 소금에 버무려 냉동할 경우에는 얇게 썰어(슬라이스) 소금을 적당량 넣고 손으로 버무린 다음 생긴 수분과 함께 냉동용 지퍼백에 넣고 얇고 균등한 두께로 펼쳐 냉동실에 보관한다. 소금에 버무려 냉동해둔 오이는 초절임과 달리 시지 않기 때문에 감자 샐러드나 음식에 곁들이는 용도로 사용하면 좋다. 오이를 통째로 냉동할 경우에는 랩으로 잘 싸서 냉동용 지퍼백에 넣어 냉동하면 된다.

[흐르는 물에 해동 & 가열해동]
먹을 때 오이를 흐르는 물에 해동해 썬 다음 손으로 물기를 꼭 짜낸다. 통째로 냉동해둔 오이는 초무침이나 피클, 볶음 등에 이용하면 좋다. 냉동해두면 소금을 사용하지 않아도 오이가 나긋나긋해지므로 저염요리에 활용할 수 있다.

가지, 콩나물, 양파, 당근처럼 우리에게 친숙한 채소도 냉동해두면 다양한 요리에 활용할 수 있다

가지

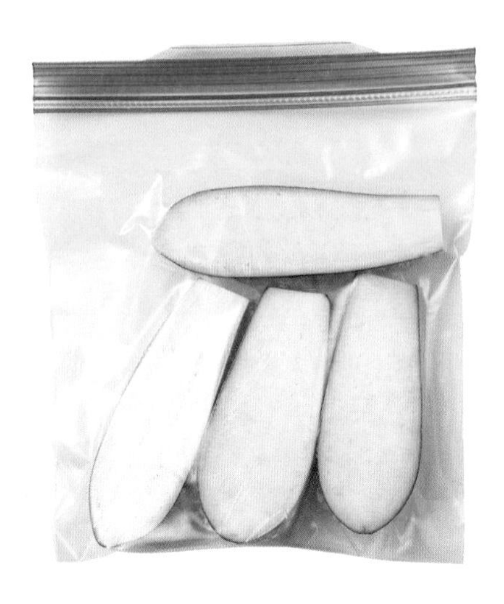

냉동해두면 가지의 식감이 달라진다! 얼린 채로 요리할 수 있어서 편리하기도 하다.

가지는 생으로 냉동하느냐, 익혀서 냉동하느냐에 따라 완전히 식감과 풍미가 바뀌는 채소이다. 가열하여 냉동해두면 부드러운 식감을 즐길 수 있지만, 생으로 냉동해두면 꼬들꼬들한 식감을 맛볼 수 있다.

[생으로 & 가열해서 냉동]

가지를 생으로 냉동하는 경우는 꼭지를 떼고 세로로 절반을 자른다. 자른 가지는 랩으로 잘 싸서 냉동용 지퍼백에 넣고 공기를 뺀 다음 냉동실에 보관한다.

[가열해동]

요리할 때는 얼린 채로 먹기 좋은 크기로 썰어서 볶음요리나 된장국 등에 넣으면 된다. 자르지 않고 통째로 냉동하면 얼린 채로 자를 수가 없기 때문에 반드시 반으로 갈라 냉동하는 것이 좋다.

콩나물 · 숙주나물

냉동 콩나물로
국을 끓이면 국물이
잘 우러나서 더 맛있다!

[생으로 냉동]

콩나물이나 숙주나물은 생으로 냉동용 지퍼백에 넣고 가급적 공기를 뺀 다음 냉동한다. 얼린 채로 볶음요리나 국물요리에 넣으면 맛있게 먹을 수 있다. 특히 추천하고 싶은 것은 국물요리다. 냉동해두면 콩나물의 섬유질이 파괴되기 때문에 국물요리에 넣으면 콩나물 국물이 잘 우러나서 국물이 아주 맛있어진다. 콩나물은 지퍼백에 넣어도 공기가 남기 쉬워 냉동 보관해두면 성에가 끼기 쉬우므로 되도록 빨리 먹는 것이 좋다.

양파

1. 양파를 결대로 썰어서 냉동

2. 양파를 굵게 다져 냉동

냉동해두면 단맛과
재료의 맛이 더 강해진다!
요리시간 단축에도
도움이 된다.

양파는 냉동해두면 섬유질이 파괴되어 단맛과 양파맛이 더 강해진다.

[생으로 냉동]
결대로 썰거나 굵게 다져서 냉동용 지퍼백에 넣고 공기를 뺀 후 냉동한다. 결대로 썬 양파는 얼린 채로 볶음요리나 국물요리 등에 사용하면 좋다. 굵게 다진 것은 얼린 채로 볶으면 갈색빛이 잘 나므로 미트소스나 카레, 스튜 등을 만들기 때 쓰면 시간을 단축할 수 있다.

당근

1. 당근을 은행잎 모양으로 썰어서 냉동

2. 당근을 직사각형으로 썰어서 냉동

작게 잘라서
냉동해두면 편리하다!
밑간해서 냉동해둔
당근으로 캐럿라페를
만들어도 좋다.

[썰어서 생으로 냉동]

당근을 냉동할 때 크게 자르면 식감이 약간 나빠질 수 있으므로 작게 썰어야 한다. 은행잎 모양으로 얇게 썰거나 직사각형으로 잘라 냉동용 지퍼백에 넣고 균등한 두께로 얇게 펴면서 공기를 뺀 다음 냉동실에 넣어 보관한다.

[가열해동]

얼린 채로 요리가 가능하므로 볶음요리나 국물요리, 스튜 등에 넣으면 좋다. 생으로 맛있게 먹고 싶을 때는 소금 간을 해서 냉동해두면 아삭한 식감을 즐길 수 있다. 캐럿라페를 특별히 추천한다.

채소류

초록 채소도 냉동 보관해두면 신선한 맛을 유지할 수 있다
대파와 파, 부추는 생으로, 청대 완두와 아스파라거스는 살짝 데쳐 냉동한다

대파 · 실파

냉동해두면 식감과 향을 유지할 수 있다. 양념용은 소분하여 냉동해두면 사용하기 편하다!

1. 대파를 어슷하게 썰어서 냉동

2. 대파를 잘게 썰어서 냉동

3. 실파를 잘게 썰어서 냉동

대파는 냉동해도 식감이 크게 변하지 않고 해동해도 수분이 유출되지 않으므로 용도에 맞게 비스듬히 도톰하게 썰거나 송송 썰어서 냉동해두면 맛있게 먹을 수 있다.

[생으로 냉동]
보관할 때는 썰어서 냉동용 지퍼백에 넣고 공기를 뺀 다음 냉동하면 된다. 먹을 때는 얼린 채로 볶음요리나 국물요리, 파스타 등에 넣는다. 양념용 대파나 실파는 잘게 썰어서 냉동용 지퍼백에 넣고 공기를 뺀 후 냉동한다. 요리에 사용할 때는 필요한 분량만 꺼내고 나머지는 공기를 잘 뺀 다음 냉동실에 다시 넣는다.

Point
대파의 녹색잎 부분은 빨리 시든다. 싱싱할 때 냉동용 지퍼백에 담아 공기를 빼서 냉동해 두면 국물요리나 양념용 향채소 등으로 사용할 수 있어 좋다.

청대 완두

데쳐두면 신선도를
유지할 수 있고
필요한 만큼만 꺼내
사용할 수 있어 좋다.

[데쳐서 냉동]
꼬투리째 먹는 청대 완두는 살짝 데쳐 냉동해두면 좋다. 꼭지와 줄기를 떼어내고 소금을 넣은 물에 살짝 데쳐 얼음물 또는 흐르는 물로 대충 열을 식힌다. 그런 다음 물기를 키친타월로 잘 닦아내고, 랩에 여러 개씩 싸서 냉동용 지퍼백에 넣은 후 공기를 빼서 냉동 보관한다.

[가열해동]
먹을 때는 다시 한 번 가볍게 데친 후 샐러드 등에 사용하거나 얼린 채로 볶음요리나 국물요리에 이용하면 맛있게 먹을 수 있다.

Point
냉동하기 전에 물기는 확실히 제거하는 것이 좋다. 물기가 남아 있으면 냉동해두었을 때 성에가 끼기 쉬운데 이로 인해 풍미가 떨어질 수 있다.

아스파라거스

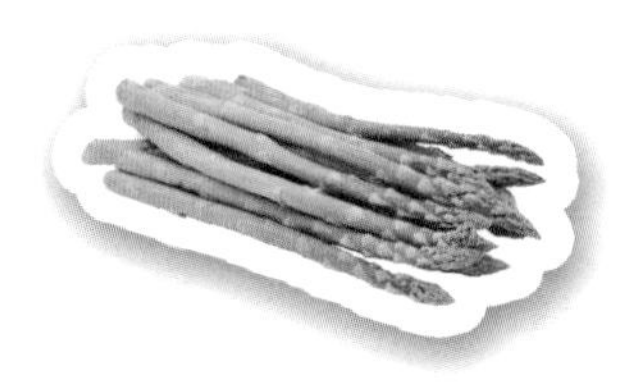

얼린 채로 살짝
익히기만 하면 맛있다!
튀김이나 볶음을
해도 좋다.

[데쳐서 냉동]
아스파라거스는 데쳐서 냉동해야 오래간다. 아스파라거스를 냉동할 때는 먼저 줄기의 표피를 벗겨내고 소금을 넣은 물에 살짝 데친다. 그런 다음 얼음물이나 흐르는 물로 대충 열을 식힌다. 키친타월로 물기를 잘 닦은 후 3등분 길이로 잘라 냉동용 지퍼백에 넣고 공기를 잘 빼서 냉동실에 보관한다.

[가열해동]
아스파라거스는 얼린 채로 볶음요리나 스튜, 국물요리 등에 사용할 수 있지만, 냉동 전에 이미 익었기 때문에 요리 마무리 단계에 넣어 데우는 정도로 해야 맛있게 먹을 수 있다. 튀김옷을 입혀 기름에 튀기거나 볶을 때도 냉동 아스파라거스를 이용하면 좋다.

부추

냉동해두면 부추향이
날아가는 것을 막을 수 있다!
만두나 국물요리에 냉동
부추를 넣어도 맛있다.

부추는 향이 날아가기 쉬운 향미 채소이기 때문에 냉동 보관하는 것이 좋다.

[생으로 냉동]
부추를 냉동할 때는 5~6cm 길이로 썰어서 냉동용 지퍼백에 넣고, 균등한 두께로 얇게 펴주면서 공기를 확실하게 뺀 후 냉동실에 넣어야 한다. 만두용으로 부추를 잘게 썰어서 냉동해도 좋다. 부추를 냉동해두면 섬유질이 파괴되기 때문에 만두 속에 넣었을 때 풍미가 살아나는 장점이 있다.

[가열해동]
부추는 얼린 채로 볶음요리나 국물요리에 넣어도 맛있다.

토마토나 무는 다양한 방법으로 냉동해두면 맛과 식감의 변화를 즐길 수 있다.

토마토 · 방울토마토

1.토마토를 통째로 냉동

냉동해둔 토마토는 해동하지 않고 그냥 먹어도 맛있고 얼린 채 강판에 갈아 먹어도 맛있다!

토마토는 냉동해두면 다양한 방법으로 먹을 수 있는 채소이다.

[생으로 냉동]

토마토 꼭지를 떼고 통째로 랩으로 싼 다음 한 방향으로 뱅글뱅글 돌려 묶어 꾸러미를 만든다. 토마토 꾸러미를 냉동용 지퍼백에 넣어 냉동실에 보관한다.

방울토마토는 꼭지를 뗀 다음 그대로 냉동용 지퍼백에 넣고 공기를 빼서 냉동한다.

[얼린 채로 사용 & 가열해동]

토마토는 얼린 채로 껍질을 벗겨서 셔벗을 만들면 멋진 전채요리가 된다. 카레나 스튜 등에도 냉동해둔 토마토를 통째로 넣고 끓이면 요리 맛이 훨씬 좋아진다.

냉동해둔 토마토는 얼린 채로 껍질을 벗긴 후 드레싱을 뿌리면 프로즌 마리네(냉동 마리네)로 즐길 수가 있다. 냉동해둔 토마토나 방울토마토는 얼린 채로 물을 뿌리면 껍질이 잘 벗겨진다. 토마토를 잘라서 냉동하는 방법도 추천한다. 꼭지를 뗀 토마토를 큼직하게 썰어서 토마토즙과 함께 냉동용 지퍼백에 넣고 공기를 뺀 다음 얇게 펴서 냉동한다. 얇게 펴서 냉동해두면 필요한 만큼 접어 손으로 쪼개서 사용할 수 있어 편리하다. 토마토를 냉동해두면 섬유질이 파괴되기 때문에 부드러운 토마토 소스도 간단히 만들 수 있다.

2. 방울토마토 냉동

3. 토마토를 잘라서 냉동

Point

- 냉동해둔 토마토나 방울토마토는 해동하지 않고 얼린 채로 물을 끼얹으면 껍질이 쏙 벗겨진다.
- 카레나 스튜, 수프 등을 끓일 때, 냉동해둔 토마토를 통째로 냄비에 넣고 끓이면 맛이 배가 된다.

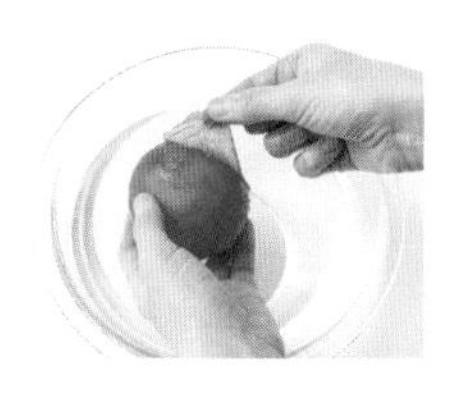

Point

- 토마토를 잘라 냉동할 때는 되도록 얇게 펴서 얼려야 한다. 그래야 필요한 만큼 접어서 쪼개어 사용할 수 있다.

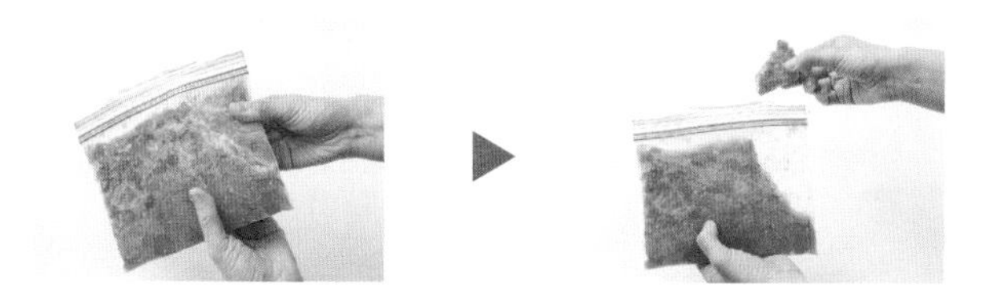

무

1. 은행잎 모양으로 썰어서 냉동

2. 직사각형으로 길게 썰어서 냉동

3. 강판에 갈아서 냉동

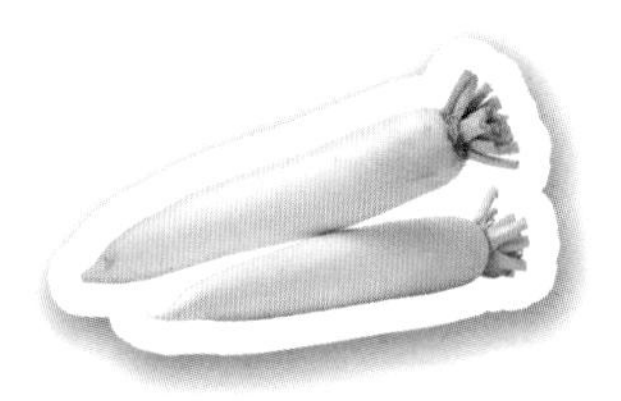

[소금에 절여서 & 강판에 갈아서 냉동]

무를 은행잎 모양으로 썰어서 냉동할 때는 소금을 넣어 버무린 후 나온 수분과 함께 냉동용 지퍼백에 넣고 공기를 잘 뺀 다음 얇게 펴서 냉동한다. 오이 초절임과 마찬가지로 지퍼백째로 믹싱볼에 담아 흐르는 물에 해동하면 초절임으로 맛있게 먹을 수 있다. 무를 생으로, 직사각형으로 잘라 냉동용 지퍼백에 넣고 공기를 빼서 냉동해도 좋다.

[가열해동]

요리할 때는 얼린 채로 된장국이나 국물요리에 넣으면 된다. 강판에 갈아서 냉동할 때는 무즙째 냉동용 지퍼백에 넣고 공기를 뺀 다음 얇게 펴서 냉동실에 보관한다. 무를 강판에 갈아 얇게 펴서 냉동해두면 필요할 때마다 원하는 만큼 손으로 쪼개서 사용할 수 있어 편리하다.

Point

무는 큼직큼직하게 썰어 랩에 싸서 냉동해두면 얼린 채로 조림이나 국물요리에 넣을 수 있는데 빨리 부드럽게 익어서 편리하다. 무 잎도 랩에 싸서 냉동하면 좋다.(순무 잎이 들어 있는 냉동 사진 참고)

순무

1. 순무를 은행잎 모양으로 썰어서 냉동

2. 순무 잎과 함께 냉동

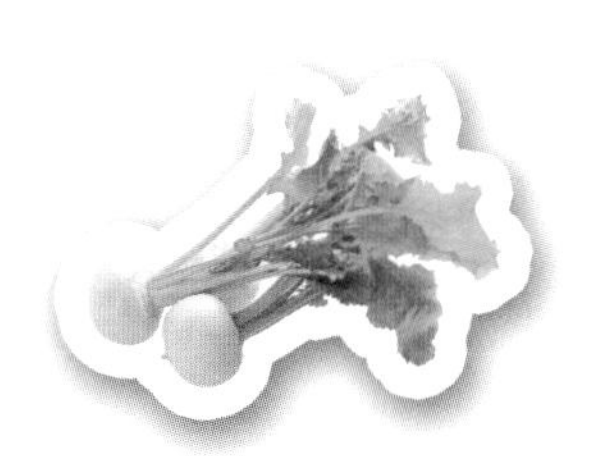

무와 똑같은 방식으로
냉동하면 된다.
영양가 높은 잎도
냉동해두면 좋다!

순무도 무와 거의 비슷한 방법으로 냉동하면 된다. 순무를 은행잎 모양으로 썰어서 소금을 넣어 버무린 후 나온 수분과 함께 냉동해두면 초절임으로 즐길 수 있다.

[생으로 냉동]
껍질을 벗긴 후 반으로 자른다. 랩에 싸서 냉동용 지퍼백에 넣어 냉동한다. 얼린 채로 포토푀(소고기, 채소, 부케 가르니를 물에 넣고 약한 불에서 장시간 끓여 만든 프랑스의 스튜 요리) 등 조림 요리에 사용하면 좋다. 냉동 순무를 이용하면 빠르고 부드럽게 익기 때문에 편리하다. 미네랄과 비타민이 풍부하고 영양가가 높은 순무 잎은 3~4cm 길이로 잘라 랩에 싼 다음 냉동용 지퍼백에 넣어 냉동한다.

[가열해동]
냉동해둔 순무는 얼린 채로 볶음이나 된장국에 넣어 요리한다.

감자류는 상온에 두어도 오래 간다고 생각하지만 의외로 잘 상한다
밑손질을 한 후 냉동해두면 편리하게 활용할 수 있다

감자

통째로 찐 감자를
랩에 싸서 냉동해두면
요리에 곁들일 수도 있고
감자 샐러드도 간단히
만들 수 있다.

[쪄서 냉동]

감자를 생으로 냉동해두면 해동했을 때 약간 식감이 떨어진다. 하지만 쪄서 냉동해두면 여러 모로 편리하게 활용할 수 있다. 감자 껍질을 벗기지 않고 쪄서 열을 식힌 후 랩에 싸서 냉동용 지퍼백에 넣어 냉동한다.

[전자레인지 해동]

전자레인지에 넣어 가열하면 맛있게 먹을 수 있고, 해동한 후 으깨 감자 샐러드나 매쉬 포테이토를 순식간에 만들 수 있어 편리하다.

Point

고기, 감자조림 등 조림 요리에는 냉동 감자튀김(껍질째)을 활용하는 것도 좋다.

고구마

1. 고구마 슬라이스 냉동

2. 군고구마 냉동

고구마는 날것 그대로
슬라이스해서 냉동한다!
냉동해둔 군고구마를
반해동하면 일품
디저트가 된다.

[썰어서 생으로 & 군고구마 냉동]

고구마는 생으로 냉동하면 된다. 껍질을 벗기지 않고 1cm 두께로 슬라이스한 다음 냉동용 지퍼백에 넣어 냉동한다. 냉동해둔 고구마는 얼린 채로 조리가 가능해, 그대로 조림이나 된장국에 넣거나 프라이팬에 구워도 맛있게 먹을 수 있다. 특히 추천하고 싶은 것은 군고구마다. 군고구마를 통째로 랩에 싼 다음 냉동용 지퍼백에 넣어 냉동한다.

[가열 해동 & 상온에서 자연 해동]

먹을 때에는 실온에서 반해동하면 된다. 차가울 때 먹으면 더 달고 맛있다. 냉동하기에는 달콤한 고구마가 좋은데 특히 호박고구마라면 일품 디저트를 만들 수 있다. 고구마 위에 휘핑크림이나 아이스크림을 올려 먹어도 맛있다.

토란

토란은 껍질을 벗기지 않고 통째로 냉동해두면 얼린 채로 전자레인지에 데워서 바로 사용할 수 있다.

[생으로 냉동]

토란은 껍질이 붙은 그대로 물로 씻은 후 키친타월로 물기를 닦아낸다. 깨끗이 씻은 토란을 통째로 랩에 싸서 냉동용 지퍼백에 넣어 냉동한다.

[전자레인지 해동]

냉동 토란은 얼린 채로 전자레인지에 돌려 중심까지 확실히 익힌 후 껍질을 벗겨 요리한다. 토란은 냉동해야 껍질이 잘 벗겨진다. 전자레인지에 익혀 그대로 소금을 뿌려 먹거나 프라이팬에 구워 버터 구이를 만들어서 먹으면 토란 본래의 맛을 즐길 수 있다. 눋지 않도록 돌돌 굴려가면서 바싹 조려도 맛있게 먹을 수 있다.

Point

냉동 토란은 랩에 싼 채로 전자레인지에 넣고 가열한 다음, 식기 전에 키친타월 등에 싸서 손으로 껍질을 벗기면 잘 벗겨진다.

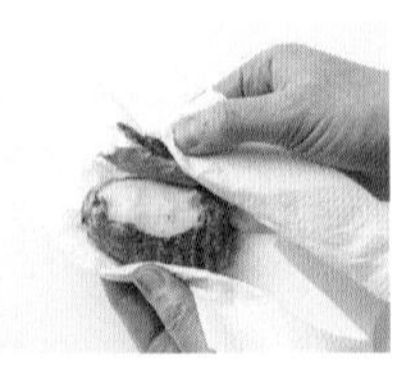

참마

냉동해두면 먹고 싶은 양만큼 토로로를 만들 수 있다! 고운 눈 같은 비주얼을 연출할 때도 좋다.

참마는 냉동해두었다가 먹고 싶을 때 소량씩 토로로(마를 생으로 곱게 갈아서 끈적하게 만든 식재료. 주로 밥이나 메밀국수 위에 얹어 먹는다)를 만들어 먹으면 좋다.

[생으로 냉동]
냉동하는 방법은 간단하다. 껍질을 벗겨 랩으로 잘 싼 다음 냉동용 지퍼백에 넣어 냉동하면 된다. 굵은 참마를 냉동해두면 얼린 채로는 강판에 갈기 힘들다. 손에 맞는 1/4컷 정도의 굵기로 자른 후 냉동하도록 하자.

[얼린 채로 사용]
먹을 때는 필요한 만큼만 랩을 벗겨내고 얼린 채로 강판에 갈아서 채소 나물 등에 얹어 먹는다. 참치 절임과 함께 밥에 올려도 시원하고 끈적한 느낌의 참치 덮밥을 즐길 수 있다.

조림이나 볶음에 많이 이용하는 연근이나 우엉도 냉동 보관이 가능하다
풋콩, 오크라도 냉동해두면 맛을 오래 유지할 수 있다

연근

연근을 반으로 갈라
냉동해두면 맛이 오래 간다!
물에 담글 필요 없이 즉시
요리할 수도 있다.

[생으로 냉동]
연근 껍질을 벗겨내고 반으로 가른 다음 재빨리 랩에 싸서 냉동용 지퍼백에 넣는다. 공기를 뺀 뒤 바로 냉동한다. 신속하게 손질하여 냉동해두면 물에 담그지 않아도 변색을 방지할 수 있다. 냉동하기 전에 물에 담가두면 냉동 보관 시 성에가 끼기 쉽고, 이로 인해 영양과 풍미가 떨어질 수 있다.

[상온에서 자연 해동]
냉동해둔 연근은 상온에 2~3분간 놔둬 가볍게 해동한 후 잘라 그대로 볶음이나 조림 등에 사용한다. 냉동해둔 연근은 요리하기 전에도 물에 담가둘 필요가 없다.

우엉

1. 우엉을 어슷하게 썰어서 냉동

2. 우엉을 조릿대 잎 모양으로 얇고 엇비슷이 썰어 냉동

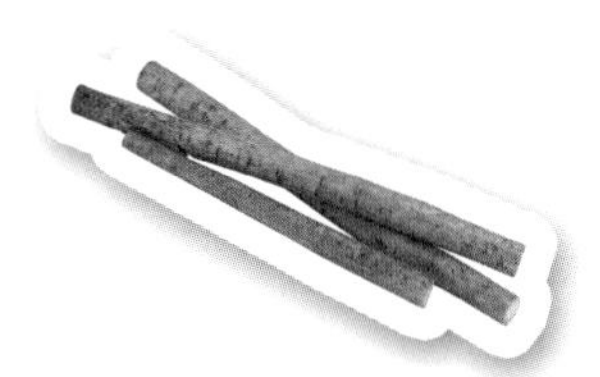

한꺼번에 손질하여 냉동해두면 소량씩 간편하게 사용할 수 있어 편리하다.

[생으로 & 볶아서 냉동]

먼저 흙을 제거하고 표면을 깨끗이 세척한 다음 물기를 닦아 낸다. 우엉 껍질은 풍미가 좋고 영양도 만점이므로 껍질을 벗기지 않고 이용한다. 물에 담가 떫은맛을 뺄 필요도 없다. 어슷하게 썰어서 냉동할 때는 3mm 두께로 슬라이스하여 냉동용 지퍼백에 넣고 공기를 잘 빼서 냉동하면 된다. 조릿대 잎 모양으로 얇고 어슷하게 썰어서 냉동할 때는 살짝 기름에 볶은 후, 한 김 식혀 냉동용 지퍼백에 넣고 공기를 잘 빼서 냉동한다.

Point

조릿대 잎 모양으로 얇고 엇비슷 썰어서 냉동한 우엉은 돼지고기 야채볶음이나 냉동버섯볶음밥 등에 넣어도 맛있다.

풋콩

신선도가 떨어지기
쉬운 풋콩은 풍미를
떨어뜨리지 않는
냉동 보관이 베스트!

풋콩은 맛이나 향기가 즉시 떨어지기 쉬우므로 신선한 것을 바로 삶아 냉동하는 것이 가장 좋다.

[삶아서 냉동]
꼬투리째 그릇에 담고 소금을 뿌려 손으로 잘 문지른 후, 수량에 대해 4% 정도의 소금을 넣은 물에 살짝 삶는다. 삶은 풋콩은 소쿠리에 건져 그대로 열을 식힌 다음 냉동용 지퍼백에 넣고 공기를 빼서 냉동한다.

[상온에서 자연 해동]
냉동 풋콩은 실온에서 자연 해동하면 그대로 맛있게 먹을 수 있다. 차가운 상태로 먹어도 좋다.

Point
냉동 풋콩을 삶은 후 열을 식히기 위해 물에 담그면 풍미나 영양이 흘러나오므로 상온에 두고 식히는 것이 좋다.

오크라

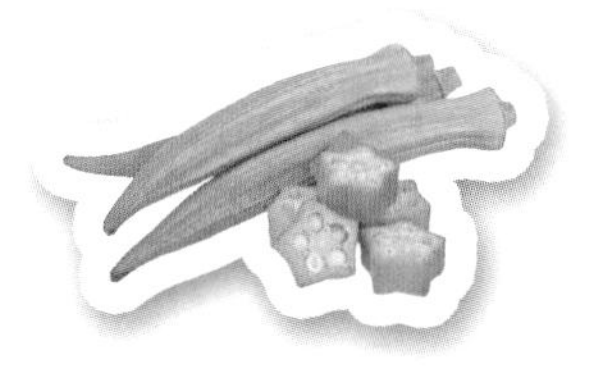

통째로 냉동해서 그대로 사용할 수 있다! 냉동해두면 미끈미끈한 점액도 나오지 않아 썰기도 좋다.

[생으로 & 데쳐서 냉동]

오크라는 밑손질이 필요 없어 통째로 냉동용 지퍼백에 넣고 공기를 뺀 다음 냉동실에 넣으면 된다. 소금을 넣은 물에 살짝 데쳐서(블랜칭 처리) 냉동해도 좋다. 냉동하기 전에 꼭지를 제거할 필요는 없다.

[얼린 채로 사용 & 가열해동]

냉동 오크라는 미끈미끈한 점액이 나오지 않기 때문에 썰기가 좋다. 가열하면 오크라 특유의 끈적끈적한 맛이 살아나 맛있게 먹을 수 있다. 냉동 오크라를 얼린 채로 썰어 무치거나 낫토에 섞어 먹어도 맛있다. 얼린 채로 나물이나 국물요리, 조림에 넣어도 좋다.

계절 채소는 냉동해두면 오래 먹을 수 있다

매일 필요한 버섯류나 채소 등은 믹스 냉동팩을 만들어 두면 편리하다

옥수수

신선도가 떨어지기
쉬우므로 냉동 보관이
베스트! 차가운 상태로
먹어도 맛있다.

옥수수는 신선도가 떨어지기 쉬우므로 가급적 신선할 때 냉동하는 것이 좋다.

[삶아서 냉동]

옥수수 껍질을 벗겨 살짝 삶은 뒤 소쿠리에 건져 물에 담그지 않고 그대로 열을 식힌다. 랩으로 옥수수를 잘 씌워서 냉동용 지퍼백에 넣고 공기를 뺀 다음 냉동한다.

[상온에서 자연 해동]

냉동해둔 옥수수는 실온에서 자연 해동하면 그대로 맛있게 먹을 수 있다. 차가운 상태로 먹어도 맛있다.

죽순

죽순 국물과 함께
냉동해두면 죽순밥이나
조림을 몇 분 만에
뚝딱 만들 수 있다!

싱겁게 익힌 죽순은 크게 잘라 냉동해두면 식감이 떨어지므로 얇게 썰거나 작게 깍둑썰기해서 냉동하는 것이 좋다. 익힌 죽순을 은행잎 모양으로 얇게 썰어 국물과 함께 냉동용 지퍼백에 넣고 공기를 뺀 다음 평평하게 펴서 냉동한다.

[흐르는 물에 해동 & 가열해동]
냉동해둔 죽순은 지퍼백째로 볼에 담아 흐르는 물에 해동하거나 얼린 채로 가열하여 국물도 함께 사용한다. 냉동 죽순은 죽순밥이나 조림, 국물요리 등에 사용하면 맛있게 먹을 수 있다.

Point
죽순의 풍미를 떨어뜨리지 않으려면 삶은 후 물로 식히지 않는 것이 좋다.

버섯 믹스

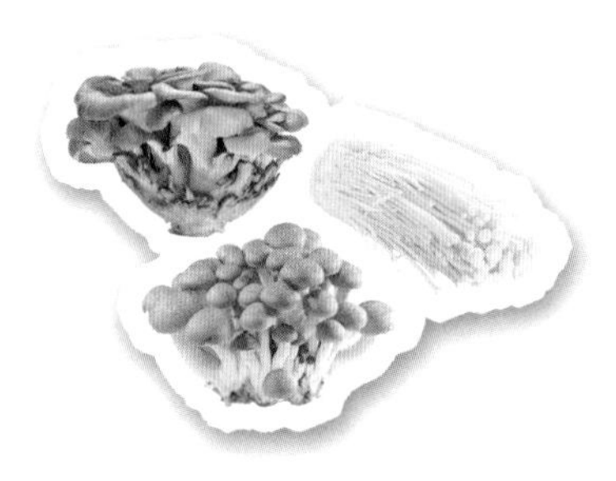

냉동해두면 버섯의
풍미도 살아나고
감칠맛 성분인
구아닐산이 증가한다!

버섯은 냉동해두면 감칠맛 성분인 구아닐산이 증가하여 더 맛있다. 버섯을 냉동해두면 섬유질이 파괴되어 버섯 풍미가 더 살아나는 것도 큰 장점이다. 버섯 믹스 냉동해두면 각 버섯의 맛을 충분히 느낄 수 있어 좋다.

[생으로 냉동]
만가닥버섯, 잎새, 팽이버섯은 밑뿌리를 제거하고 한 입 크기로 떼어 냉동용 지퍼백에 넣는다. 공기를 뺀 다음 가능한 한 얇고 평평하게 펼쳐 냉동한다.

[가열해동]
냉동해둔 버섯은 얼린 채로 볶음요리나 밥, 된장국, 파스타 등에 넣으면 맛있게 먹을 수 있다.

Point
요리할 때 골고루 열이 가해지도록 각 버섯은 가능한 한 같은 크기로 냉동해두는 것이 좋다.

채소 믹스

여러 채소를 함께 냉동해두면 야채 볶음이나 국물요리 등을 즉시 만들 수 있어 좋다.

채소를 믹스하여 냉동해두면 야채 볶음이나 국물요리 등을 몇 분 만에 뚝딱 만들 수 있어 편리하다. 채소는 먹기 좋은 크기로 자르면 되지만, 가열할 때 고루 익도록 가능한 한 같은 크기로 만들어두는 것이 좋다. 당근은 두껍게 썰면 식감이 좋지 않으므로 얇게 썰도록 하자.

[생으로 냉동]
채소를 썰어 그대로 냉동용 지퍼백에 넣고 공기를 뺀 다음 냉동한다. 그래도 완전히 공기를 뺄 수는 없기 때문에 가능한 한 빨리 다 사용하는 것이 좋다.

[가열해동]
냉동해둔 채소믹스는 얼린 채로 볶음요리나 국물요리 등에 넣어 사용한다.

Point
요리할 때 골고루 열이 가해지도록 각 채소를 가능한 한 같은 크기로 냉동해두는 것이 좋다.

부피가 큰 배추는 쓰고 남는 경우도 많기 때문에 잘라서 냉동해두면 편리하다. 냄비 요리나 볶음요리에 넣으면 요리시간을 단축할 수 있다.

배추

냉동해두면 금방
사용할 수 있고
찌개 요리가
훨씬 맛있어진다!

[생으로 냉동]

배추는 생으로 먹기 좋은 크기로 썰어 그대로 냉동용 지퍼백에 넣고 공기를 뺀 다음 냉동한다. 그래도 완전히는 공기가 빠지지 않기 때문에 가능한 한 빨리 다 사용하는 것이 좋다.

[가열해동]

냉동해둔 배추는 얼린 채로 볶음요리나 국에 넣으면 된다. 특히 냄비 요리에 넣어 먹으면 좋다. 생배추를 냄비에 넣으면 부드럽게 익기까지 의외로 시간이 걸린다. 하지만 냉동해둔 배추는 섬유질이 파괴되어 얼린 채로 냄비에 넣기만 하면 즉시 푹 익는다. 게다가 단맛이 국물에 잘 우러나와 훨씬 맛있어진다. 꼭 한 번 만들어보기 바란다.

향기가 중요한 양하도 냉동해두면 풍미를 오래 유지할 수 있다.
냉동해둔 양념재료는 얼린 채 잘라 쓸 수 있으므로 다양한 요리에 활용해 보자.

양하

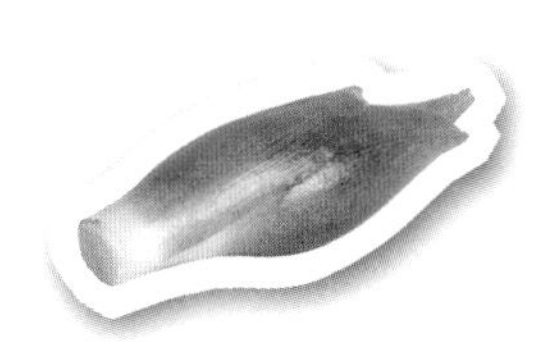

양하를 통째로
랩에 싸서 냉동해두면
향기와 풍미를
오래 유지할 수 있다.

[생으로 냉동]

양하는 자르지 않고 통째로 3개씩 랩으로 잘 싸서 냉동용 지퍼백에 넣어 냉동하면 된다. 양하를 자르지 않고 통째로 냉동해두면 향과 풍미를 잃지 않고 맛있게 먹을 수 있다.

[얼린 채로 사용 & 가열해동]

냉동해둔 양하는 냉동실에서 꺼내 바로 썰어도 칼이 잘 들어가므로 먹을 때는 해동하지 않고 얼린 채 그대로 사용하면 된다. 채썬 후 가쓰오부시와 간장을 뿌려 먹어도 되고 잘게 썰어 냉채나 소면, 냉우동 등의 양념으로도 사용할 수 있다. 먹기 좋게 썰어서 다른 튀김 재료와 섞어 튀겨도 맛있다.

요리의 악센트로 빠뜨릴 수 없는 차조기와 마늘도 냉동 보관이 가능하다
특히 마늘은 냉동해두면 편리하므로 꼭 시도해 보기 바란다

차조기

향이 사라지지 않도록
냉동해두면 따뜻한 요리에
쓰기 편하다.

차조기는 냉동했다가 해동하면 수분이 나오고 색도 변색되지만 향기와 풍미는 그대로 남는다.

[생으로 냉동]
차조기를 3~4장씩 포개어 랩으로 싼 다음 냉동용 지퍼백에 넣고 공기를 충분히 빼서 냉동실에 넣는다.

[얼린 채로 사용]
냉동해둔 차조기는 얼린 채로 썰어서 따뜻한 음식의 양념으로 사용하면 편리하다. 얼린 채로 사용하고 싶은 만큼만 썰어서 오차즈케(녹차를 우려낸 물에 밥을 말아 김이나 우메보시 등의 고명을 올려 먹는 일본식 국밥)나 파스타 등에 넣으면 맛있게 먹을 수 있다.

마늘

1. 마늘을 껍질째 냉동

2. 마늘을 다져서 냉동

마늘은 향기와 풍미가 떨어지기 쉬우므로 냉동 보관하는 것이 좋다. 냉동해두면 껍질이 잘 벗겨지는 장점도 있다. 껍질을 벗기지 않고 냉동하면 껍질이 랩을 대신하여 마늘의 건조를 막아 준다.

냉동해두면 껍질이 잘 벗겨지고, 마늘간장도 뚝딱 만들 수 있다!

[생으로 냉동]

마늘을 한 쪽씩 떼서 껍질째 냉동용 지퍼백에 넣어 냉동한다. 다진 마늘은 랩으로 잘 싸서 냉동용 지퍼백에 넣고 공기를 확실히 뺀 다음 냉동하는 것이 좋다.

[얼린 채로 사용]

마늘은 냉동해도 거의 풍미와 식감이 변화하지 않으므로 얼린 채로 양끝을 잘라 껍질을 벗긴 다음 용도에 맞게 썰면 생마늘과 똑같이 사용할 수 있다. 잘게 다져서 냉동 보관한 경우는 쓸 만큼 꺼내 볶음요리나 국물요리 등에 넣을 수 있어 좋다.

Point

닭튀김 밑간이나 볶음 등으로 사용할 수 있는 마늘간장은 냉동마늘로 만드는 것이 좋다. 마늘을 냉동해두면 섬유질이 파괴되어 간장에 마늘의 풍미가 잘 녹아나오기 때문에 하루 이틀 두기만 해도 맛있는 마늘간장이 만들어진다. 마늘간장을 만드는 법은 간단하다. 냉동해둔 마늘의 양끝을 잘라 껍질을 벗기고 5㎜ 두께로 썰어 적당한 보관용기에 넣는다. 그런 다음 마늘 전체가 잠길 때까지 간장을 부으면 된다! 꼬박 하루 이상 두었다가 사용하면 좋다.

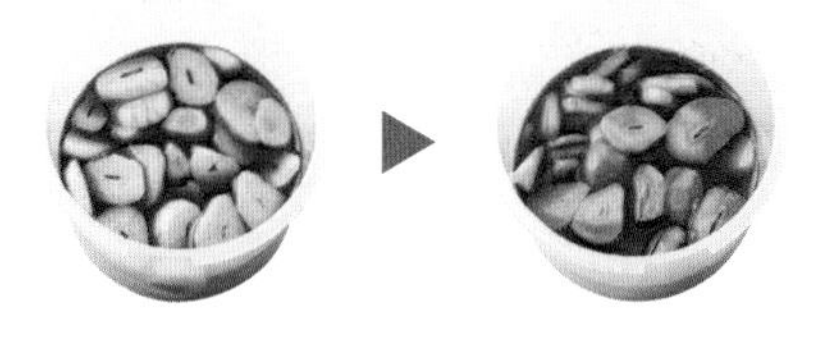

왼쪽 사진은 이제 막 만든 마늘간장이고,
오른쪽 사진은 하루가 지난 상태의 마늘간장이다.

생강은 갈아서 쓸 것과 다져 쓸 것 2종류를 냉동 보관해 두면 편리하다
향과 맛을 놓치고 싶지 않은 향신료나 허브도 냉동 보관해두는 것이 좋다

생강

1. 생강을 잘라서 냉동

2. 생강을 다져서 냉동

냉동 보관해두면 풍미를 유지할 수 있다! 필요한 양만큼 강판에 갈아서 사용하면 편리하다.

[생으로 냉동]

생강을 잘라서 냉동할 경우에는 먼저 강판에 갈기 좋은 크기로 자른다. 랩으로 싸서 냉동용 지퍼백에 넣고 공기를 확실히 뺀 다음 냉동실에 넣는다. 다진 생강의 경우도 랩에 싼 다음 냉동용 지퍼백에 넣어 냉동한다.

[얼린 채로 사용]

냉동해둔 생강은 얼린 채로 필요한 양만큼 강판에 갈아서 사용하고 나머지는 냉동실에 다시 넣는다. 다져서 냉동해 둔 생강도 필요한 양만큼 꺼내고 나머지는 빨리 냉동고에 다시 넣어두는 것이 좋다. 생강은 껍질에 풍미가 있기 때문에 잘 씻어 껍질째 사용할 것을 권한다.

향신료 · 허브

1. 건조 향신료 · 허브 냉동

2. 생 로즈마리 냉동

강렬한 향이
오래 가게 하기 위해서는
냉동이 제격!

향신료와 허브의 향은 온도가 높을수록 잘 날아가므로 실온에 두는 것은 좋지 않다. 강렬한 향이 오래 가게 만들려면 저온 건조 냉동실 환경에서 보관하는 것이 좋다.

[건조 & 생으로 냉동]
건조된 향신료나 허브는 각각 봉지 또는 랩으로 싸서 냉동용 지퍼백에 넣고 공기를 잘 뺀 다음 냉동한다. 생 향신료나 허브는 랩으로 잘 씌워서 냉동용 지퍼백에 넣고 공기를 빼서 냉동한다.

[얼린 채로 사용]
향신료나 허브는 필요한 양만큼 꺼내 쓰고 나머지는 즉시 냉동실에 넣는 것이 좋다.

딸기는 시럽과 함께 냉동하고,
사과는 잘라서 소분한 다음 냉동해두면 즐거움이 배가 된다

딸기

가열하지 않고
으깨기만 해도
풍미가 가득한
잼을 만들 수 있다!

딸기는 냉동해두었다가 해동하면 식감이 좋지 않지만, 딸기의 맛은 즐길 수가 있다.

[생으로 냉동]
딸기를 냉동할 때는 꼭지만 뗀 다음 그대로 냉동용 지퍼백에 넣고 시럽을 전체적으로 끼얹는다. 그런 다음 공기를 빼서 냉동하면 된다. 딸기의 표면을 시럽으로 단단히 코팅함으로써 딸기의 건조와 산화를 방지하는 것이다.

[얼린 채로 사용 & 상온에서 자연 해동]
냉동해둔 딸기는 얼린 채로 먹어도 맛있고, 실온에서 조금 녹여서 먹으면 더욱 딸기의 풍미를 즐길 수 있다. 확실히 해동하여 그대로 봉투째 손으로 으깨서 맛있는 잼을 만들 수도 있다. 시중에서 판매하는 잼은 너무 가열해서 풍미가 손상된 것이 적지 않지만, 가열하지 않고 만드는 잼은 딸기 본래의 풍미를 맛볼 수 있다. 으깨지 않고 요거트에 딸기를 토핑으로 올려도 좋다.

사과

냉동해두면 즐기는
방법이 늘어난다!
생으로 먹어도 좋고
가열해도 맛있다.

사과는 냉동해두면 즐기는 방법이 많아지는 과일이다. 껍질을 벗기거나 자르면 바로 갈색으로 변색되어 풍미가 떨어지지만 작게 잘라 냉동해두면 쓸 만큼만 꺼내 사용할 수 있다.

[생으로 냉동]
사과는 통째로 냉동하는 방법 이외에도 껍질째로 8등분한 다음 하나씩 랩에 싸서 냉동용 지퍼백에 넣어 냉동하는 방법도 있다.

[얼린 채로 사용 & 가열 해동]
냉동해둔 사과는 얼린 채로 먹어도 맛있고, 프라이팬에 구워서 시나몬 파우더를 뿌려 먹어도 맛있다. 냉동해두면 사과의 섬유질이 파괴되어 가열했을 때 부드러워지므로 콩포트 등 가열하는 요리에 사용하기도 좋다.

과일류는 냉동해두면 신선도 유지에 도움이 되고
얼린 채로 먹으면 프로즌 디저트가 된다

키위

1. 키위를 통째로 냉동

2. 키위를 슬라이스해서 냉동

얼린 채로 물에 담가두면
껍질이 잘 벗겨진다!

키위의 건조와 산화를 방지하기 위해서는 껍질째 냉동 보관하는 것이 좋다.

[생으로 냉동]

키위를 하나씩 랩으로 싸서 냉동용 지퍼백에 넣어 냉동한다. 슬라이스해서 냉동할 경우 껍질을 벗긴 다음 5㎜ 두께로 썰어서 냉동용 지퍼백에 넣고 가급적 공기를 빼서 냉동하면 되는데 성에가 끼기 쉬우므로 빨리 먹는 것이 좋다.

[얼린 채로 사용 & 상온에서 자연 해동]

냉동해둔 키위는 얼린 채로 물에 담가두면 껍질이 잘 벗겨진다. 완전히 해동하면 과육이 뭉개져 버리므로 실온에서 반해동하여 잘라 먹는 것이 좋다. 완전히 해동한 경우에는 잼이나 스무디를 만들어 먹으면 좋다. 얼린 채로 요거트에 토핑해도 맛있다.

Point

냉동해둔 키위를 물에 담가두면 껍질이 잘 벗겨져 먹기 좋다.

바나나

1. 바나나를 통째로 냉동

2. 바나나를 잘라서 냉동

완숙 바나나의 맛을
냉동보관으로 유지한다!
바나나는 얼린 채로
그냥 먹어도 맛있다.

바나나는 완숙 즉시 갈색으로 변색하여 흐물흐물해져 버리기 때문에 먹기에 적당한 때를 놓치기 쉬운 과일이다. 맛있게 익은 바나나는 구입 즉시 냉동하는 것이 좋다.

[생으로 냉동]
바나나 껍질을 벗겨 통째로 혹은 3cm 정도로 먹기 좋게 잘라서 랩에 싼 다음 냉동용 지퍼백에 넣어 냉동한다.

[얼린 채로 사용]
얼린 채로 아이스 바나나로 먹어도 되고, 스무디나 바나나 주스로 만들어도 맛있게 먹을 수 있다.

파인애플

파인애플을 잘라서
냉동해두면
아이스 파인애플을
즐길 수 있다.

[생으로 냉동]
생 파인애플은 껍질을 벗긴 후 먹기 좋은 크기로 잘라서 냉동용 지퍼백에 넣고 공기를 뺀 다음 냉동한다. 물론 시판되는 자른 파인애플도 마찬가지로 냉동할 수 있다. 과즙이 나오는 경우는 그 과즙도 함께 냉동하는 것이 좋다.

[얼린 채로 사용 & 가열 해동]
냉동해둔 파인애플은 얼린 채로 아이스 파인애플로 먹어도 맛있고 주스와 디저트 토핑으로 사용해도 좋다. 탕수육이나 고기 요리에 곁들이는 등 가열하는 요리에 넣어도 맛있다.

체리 · 아메리칸 체리

1. 체리 냉동

2. 아메리칸 체리 냉동

물에 씻어 그냥
냉동하면 된다!
얼린 채 먹어도
맛있다.

[생으로 냉동]
체리나 아메리칸 체리는 간단하게 냉동할 수 있다. 꼭지를 떼고 잘 씻은 다음 물기를 키친타월로 잘 닦는다. 냉동용 지퍼백에 넣고 공기를 잘 빼서 냉동실에 넣는다.

[얼린 채로 사용 & 가열해동]
체리는 얼린 채로 먹어도 맛있다. 냉동해둔 체리를 해동하면 수분이 나와 약간 식감이 떨어지므로 반해동 상태로 먹는 것이 좋다. 얼린 채로 설탕에 졸여 잼을 만들어도 좋고, 핫케이크나 요거트에 올려도 맛있게 먹을 수 있다.

레몬이나 유자는 껍질까지 먹을 수 있는 방법으로 냉동하는 것이 좋다
매실은 냉동한다면 완숙매실로 일품 매실청을 만들자

레몬

1. 레몬을 반으로 잘라 냉동

2. 레몬을 빗 모양으로 잘라 냉동

3. 레몬 슬라이스 냉동

레몬은 자르는 방법에 따라 먹는 방법이 달라지는 즐거운 과일이다. 껍질 부분에 향기 성분과 비타민C가 풍부하기 때문에 껍질을 안심하고 먹을 수 있는 국산 유기농 레몬이나 저농약 레몬을 고르는 것이 좋다.

자르는 방법에 따라
먹는 법이 늘어난다!
강판에 갈아서 요리의
악센트로 활용해도 좋다.

[생으로 냉동]

레몬을 냉동 보관할 경우 껍질을 잘 세척한 후 물기를 확실히 키친타월로 닦아낸다. 레몬을 반으로 잘라 냉동할 경우에는 랩으로 싼 다음 한 방향으로 뱅글뱅글 돌려 묶어 꾸러미를 만든다. 레몬 꾸러미는 냉동용 지퍼백에 넣어 냉동 보관한다. 빗 모양 썰거나 슬라이스해서 냉동용 지퍼백에 넣어 되도록 공기를 뺀 다음 냉동해두는 것도 편리하다.

[얼린 채로 사용 & 가열 해동]

껍질째 냉동해둔 레몬을 얼린 채로 강판에 과육을 갈아서 사용하면 차가운 전채요리나 면은 물론, 고기요리나 파스타 등에 넣어도 좋은 악센트가 되고, 따뜻한 우동이나 국물요리에 넣어도 레몬향이 기분 좋게 퍼진다. 빗 모양으로 썰어서 냉동한 레몬을 글라스에 넣고 소주와 탄산을 부으면 얼음이 필요 없는 냉동 레몬 사워를 즐길 수 있다. 슬라이스 냉동은 아이스 레몬티나 곁들이는 요리에도 사용할 수 있다.

Point

껍질째 냉동해둔 레몬은 얼린 채로 강판에 과육을 갈아서 사용하면 된다.

유자

냉동하면 유자의 향을
오래 유지시킬 수 있다!
냉동 유자는 껍질을
활용하기도 좋다.

유자 향은 잘 날아가기 때문에 냉동 보관할 것이 좋다. 레몬과 같은 방법으로 냉동하면 되지만, 유자는 껍질과 과육을 나누어 냉동해두면 사용하기 편하다.

[생으로 냉동]

껍질은 포개서 랩으로 잘 싸고, 과육은 랩으로 싼 다음 한 방향으로 뱅글뱅글 돌려 묶어 꾸러미를 만든다. 껍질과 과육을 함께 냉동용 지퍼백에 넣어 냉동한다.

[얼린 채로 사용]

유자 껍질은 얼린 채로 필요한 만큼만 채 썰어 나물이나 우동, 국의 향기를 내는 데 사용한다. 과육은 냉장고에서 해동한 후 짜면 과즙이 잘 나온다.

매실

냉동해두면 매실액이
더 잘 나오는
매실청 만들기에
도전!

매실은 냉동해두면 섬유질이 파괴되어 매실액이 더 많이 나온다. 매실주나 매실청을 담글 때는 일반적으로 청매실을 사용하지만, 사실은 완전히 익은 매실을 사용한 것이 향이 진하고 맛도 좋다. 하지만 익은 매실은 청매실에 비해 매실액이 적게 나오기 때문에 매실주나 매실청에는 잘 사용하지 않는다. 그런 완숙 매실도 냉동해두면 매실액이 더 잘 나온다.

[생으로 냉동]

완숙 매실을 잘 씻어 꼭지를 대꼬챙이로 떼고 키친타월로 물기를 잘 닦은 후 냉동용 지퍼백에 넣어 냉동실에서 보관한다.

'매실청 담그기' 에 도전!

만드는 법

1. 냉동해둔 매실(잘 익은 매실 사용)과 얼음설탕의 분량이 1:1이 되도록 준비한다.
2. 밀폐용기를 끓는 물로 살균해 물기를 닦아 놓는다. 그 밀폐용기에 냉동해둔 매실과 얼음설탕을 번갈아 넣고 뚜껑을 잘 닫아 실온에 두기만 하면 끝! 한나절 정도면 매실 진액이 듬뿍 우러나온다.
3. 매실청은 하루에 한 번 용기째 흔들어 저어주고, 2~3주 후 얼음설탕이 다 녹으면 냉장고에 넣어 보관한다.

하루 이틀 뒤에 먹을 것이라면 매실을 절여도 맛있다. 오래 담근 것은 매실청을 탄산수를 타서 매실 소다를 만들면 맛있게 먹을 수 있다.

막 절인 상태

하루 지난 상태
이미 매실 매실액이 많이
나와 있다.

반나절 정도밖에 안된 것이라도
탄산수를 타면 맛있다.

가열 조리한 식재료를 냉동할 때는 열을 식힌 후 냉동실에 넣어야 한다
그런데 밥만은 갓 지은 따끈따끈한 상태로 냉동해야 한다

밥

1. 밥을 보관용기에 담아 냉동

2. 밥을 냉동용 지퍼백에 넣어서 냉동

[갓 지은 밥을 냉동]

밥맛을 그대로 오래 유지하려면 갓 지은 따끈따끈한 상태로 냉동해야 한다. 쌀에 물을 넣고 가열하면 쌀의 전분이 화학적으로 변하는 호화(糊化), 즉 사람이 소화하기 좋게 점도가 높은 풀 상태인 알파전분으로 바뀐다. 이 알파전분이 밥맛의 정체라고 할 수 있다. 알파전분은 냉장 보관하면 노화해 버리기 때문에 냉동 보관이 아니면 밥맛을 오래 유지하기 어렵다. 그러므로 그날 먹지 않을 여분의 밥은 갓 지은 뜨거운 상태로 보관용기에 옮겨 즉시 냉동해야 밥맛을 그대로 유지할 수 있다.

갓 지은 밥은 냉장고에 급속 냉동실이 있으면 거기에 넣고, 없으면 냉동실의 서랍 안에 넣은 다음 밥을 넣은 보관용기 위에 아이스 팩을 올려두는 것이 좋다. 이때 냉동실의 다른 식품이 녹지 않도록 주의해야 한다. 싸서 냉동하는 경우에는 갓 지은 밥을 한 끼분씩 랩으로 살짝 싸서 그대로 냉동한다. 밥이 얼면 냉동용 지퍼백에 넣어서 냉동고에 보관한다.

Point

밥은 뜨거운 김이 사라지기 전에 바로 보관용기에 담고 뚜껑을 닫아서 냉동한다. 따끈따끈한 밥을 냉동실에 넣었기 때문에 냉동해둔 다른 식품이 녹지 않도록 주의해야 한다.

빵

1. 식빵 냉동

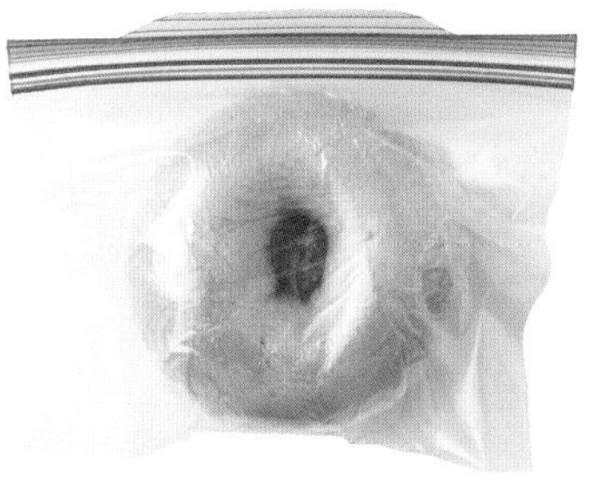

2. 베이글 냉동

3. 바게트빵 냉동

냉동보관으로 빵에
곰팡이가 피는 것을 막는다!
과자빵은 얼린 채로
먹어도 맛있다.

빵은 곰팡이가 생기기 쉽고 건조하기 쉬우므로 공기로부터 차단시켜 냉동하는 것이 가장 좋다.

[그대로 냉동]
식빵과 베이글, 바게트빵은 랩으로 잘 씌운 다음 냉동용 지퍼백에 넣어 냉동하고, 먹을 때는 상온에서 해동한 다음 토스트한다. 냉동해둔 식빵은 얼린 채로 강판에 갈면 신선한 생 빵가루를 만들 수 있다. 식빵은 필요한 만큼만 갈아서 쓰고 나머지는 즉시 냉동실에 넣어 보관한다. 빵은 상온에서 방치해 두면 점점 수분이 빠져나가 건조하고 풍미가 떨어지므로 구입 즉시 냉동하는 것이 좋다.

Point
단팥빵이나 크림빵, 치즈찐빵 같은 과자빵도 냉동이 가능하고 얼린 채로 먹어도 맛있다. 특히 치즈찐빵은 얼린 채로 먹어야 쫄깃쫄깃한 식감을 느낄 수 있는데다 깊은 맛의 치즈케이크처럼 즐길 수 있다. 카레빵이나 고로케빵, 달걀샐러드빵 등도 냉동할 수 있다. 먹을 때는 전자레인지에서 해동한 후 토스터에 구우면 된다.

파스타는 요리시간을 단축할 수 있게 물에 불려 냉동할 것을 권한다
그 외의 면류는 생면이라면 냉동 보관을 활용하는 것도 좋다

물에 불린 파스타

한꺼번에 만들어서
냉동해두면 삶는 시간
2분 만에 뚝딱
파스타를 만들 수 있다!

물에 불린 파스타를 냉동해두면 좋은 점은 요리하는 시간을 단축할 수 있다는 것이다. 한꺼번에 만들어서 냉동 보관해두면 파스타가 먹고 싶을 때 2분 삶기만 하면 바로 스파게티를 먹을 수 있다. 게다가 작은 냄비에 소량의 물을 끓이는 것만으로 삶아지기 때문에 수도요금과 난방비도 절약할 수 있다. “2시간이나 담그는데 요리시간이 짧다고요?”라고 하시는 분들도 있지만, 시간이 있을 때 그냥 물에 담가두기만 하면 되므로 손이 많이 가는 것은 아니다.
파스타를 넉넉하게 물에 담가 한꺼번에 냉동 보관해 두면 언제든지 간편하게 파스타 요리를 즐길 수 있다. 파스타가 얼면 보관용기에서 꺼내 랩으로 싼 다음 지퍼백에 넣으면 공간도 차지하지 않는다. 바쁠 때에도 순식간에 파스타를 만들 수 있으니 꼭 시도해보기 바란다.

물에 불린 파스타 만드는 법

만드는 법

1. 파스타가 들어가는 가늘고 긴 보관용기(또는 접시)를 준비하여 건면 파스타와 물을 넣는다.
   (파스타 100g에 대하여 물 400mL를 기준으로 하면 된다. 면의 굵기는 1.8㎜가 좋다)
2. 파스타를 2시간 이상 담근다.
3. 파스타를 들어 올렸을 때 부드럽게 늘어지면 OK.(파스타가 끊어질 것 같을 때는 더 담가두어야 한다)
4. 물에 불린 파스타를 볼에 넣고 올리브유를 둘러 면 전체를 뒤적인다.
5. 소형의 둥근 용기에 파스타를 넣고 파스타 윗면에 랩을 씌운 다음, 파스타와 밀착되도록 가볍게 손으로 눌러 뚜껑을 덮어서 냉동한다.
6. 파스타가 얼면 완성.(물에 불린 파스타를 랩에 싼 다음 냉동용 지퍼백에 넣어 냉동 보관한다)

※ 물에 불려 냉동해둔 파스타는 얼린 상태로 냄비에 넣고, 소금을 넣어 끓인 물에 2분 삶으면 된다.

1

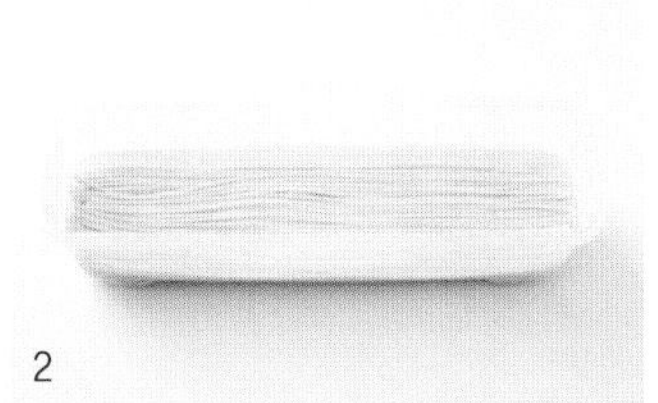
2

3

4

5

6

중화면

생면은 냉동
보관할 수 있다!
얼린 채로 삶아도 된다.

중화면은 생면이라면 냉동하는 것이 좋다.(삶은 면은 냉동해두면 식감이 나빠지므로 적합하지 않다) 시중에서 판매하는 봉지째로 냉동하면 표면에서 수분이 증발해 변색되거나 맛이 떨어질 수 있다.

[면을 가볍게 풀어 냉동]

면을 봉지에서 꺼내 랩으로 싼 다음 냉동용 지퍼백에 넣어 냉동한다. 랩으로 쌀 때는 면을 가볍게 풀어 공기가 들어가게 한다. 면을 꽉 채워서 냉동하면 면이 굳어 삶을 때 고루 익지 않을 수 있다. 삶을 때는 얼린 채로 손으로 면을 풀어서 뜨거운 물에 넣으면 된다.

된장은 냉동 보관하는 것이 좋다
염분 함량이 높아 된장은 얼려도 굳지 않기 않아 그대로 숟가락으로 떠서 쓸 수 있다

된장

냉동으로 발효를
멈추게 해서 풍미를 지킨다!
된장은 언 상태에서도
그대로 사용할 수 있다.

된장은 냉장 보관하는 사람이 많다. 하지만 냉장 보관하면 냉장고 안의 온도에서 발효가 진행되어 버리기 때문에 풍미가 떨어진다. 냉동 보관해 두면 발효가 진행되지 않기 때문에 최적의 발효 상태로 맛을 유지할 수 있다.

[팩째로 냉동]
된장을 냉동하는 방법은 아주 간단하다. 시중에서 판매하는 팩 그대로 된장의 윗면에 랩을 밀착시켜 냉동고 또는 냉동실에 넣으면 된다. 더구나 된장은 염분이 많아 냉동해도 굳지 않으므로 숟가락으로 떠서 그대로 사용할 수 있다.

Point
된장은 얼려도 딱딱해지지 않기 때문에 얼린 채로 스푼으로 퍼서 사용할 수 있다.

냉동 양념된장이 있으면 요리가 편하다!

1. 양념된장 1개분은 된장 1큰술, 육수가루 1작은술과 취향에 맞는 재료(다진 실파를 넣었다)를 조금 배합하면 OK.
2. 먼저 된장과 육수가루, 기타 함께 넣을 재료를 그릇에 담고 잘 섞는다.
3. 양념된장을 랩으로 싼 다음 한 방향으로 뱅글뱅글 돌려 묶어 꾸러미를 만든다.
4. 양념된장 꾸러미를 냉동용 지퍼백에 넣어 냉동한다.
5. 먹을 때는 그릇에 양념된장 1개를 넣고 끓는 물을 부어서 녹이기만 하면 된다.
   냉동하기 때문에 양파 같은 생채소를 넣을 수 있는 것도 냉동 양념된장의 매력이다.

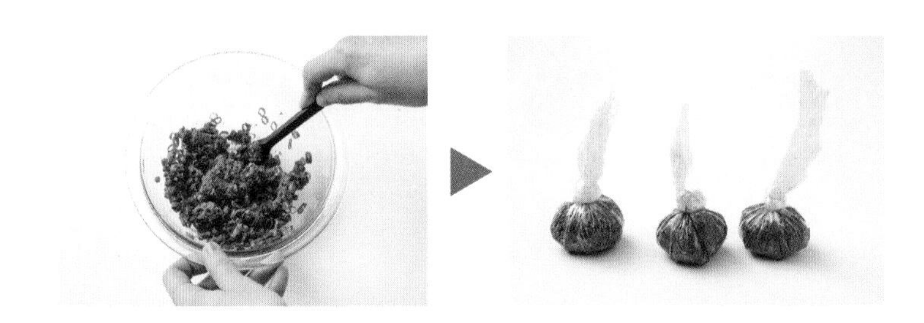

콩, 유부, 낫토 같은 콩식품도 냉동 보관하기에 적합하다
맛과 영양을 그대로 유지해두었다가 사용하고 싶을 때 활용해 보자

대두

콩 국물과 함께
냉동해서 건조를 막는다!
해동해서 그대로
먹을 수 있다.

[삶아서 냉동]
삶은 콩은 냉동 보관하기에 적합한 식재료이다. 시판 삶은 콩의 경우는 콩을 담가둔 물과 함께 냉동용 지퍼백에 넣고, 가정에서 삶은 경우는 삶은 콩 국물과 함께 냉동용 지퍼백에 넣는다. 지퍼백의 공기를 뺀 다음 입구를 닫고 얇게 펴서 냉동한다. 삶은 콩은 물과 함께 냉동하면 건조를 막고 풍미를 유지할 수 있다.

[흐르는 물에 해동]
콩은 흐르는 물에 해동하여 샐러드나 국물요리, 밥 등에 넣으면 맛있게 먹을 수 있다.

Point
냉동해둔 콩을 콩 국물과 함께 넣어서 냉동 버섯밥을 지어도 맛있다.

유부

1. 유부를 통째로 냉동

2. 유부를 잘게 썰어서 냉동

[통째로 & 썰어서 냉동]

유부는 얼린 채로 잘라도 되므로 냉동해두면 매우 편리하다. 통째로 냉동하는 경우는 1장씩 랩으로 잘 싸서 냉동용 지퍼백에 넣어 냉동한다.

[가열 해동]

냉동 유부는 얼린 채로 프라이팬이나 토스터에 구운 뒤 다진 대파와 간장을 뿌려 먹으면 맛있다. 얼린 채로 자를 수 있으므로 원하는 크기로 잘라 요리에 사용할 수 있다. 잘게 썰어서 냉동해둔 경우는 사용하기 쉬운 크기로 잘라 냉동용 지퍼백에 넣고 균등한 두께로 얇게 펴면서 공기를 뺀 다음 냉동한다. 잘게 썰어서 냉동해두면 사용하고 싶은 만큼 꺼내어 얼린 채로 된장국 등에 넣을 수 있으므로 편리하다.

낫토

낫토균은 냉동해도
잠을 잘뿐이어서
해동하면 건강효과가
되살아난다.

낫토균은 냉동고의 온도에서는 활동을 중단하지만, 해동하면 다시 활동하기 시작하는 강한 균이다.

[팩째로 냉동]

낫토는 시판되는 팩 그대로 냉동용 지퍼백에 넣어 공기를 뺀 다음 단단히 밀봉하여 냉동한다. 밀봉하지 않으면 낫토 냄새가 냉동실이나 냉동 중인 식재료에 배일 수 있으므로 주의해야 한다.

[상온에서 자연 해동 & 전자레인지 해동]

냉동해둔 낫토를 먹을 때는 실온에서 해동하거나 전자레인지에 넣어 가볍게 해동하면 된다. 얼린 채로 된장국에 넣어도 맛있게 먹을 수 있다.

커피원두나 홍차, 녹차 등의 찻잎도 냉동고에 보관하면 향기가 훨씬 오래 지속된다

커피 · 찻잎

1. 커피가루 냉동

2. 커피원두 냉동

3. 홍차 냉동

4. 녹차 냉동

빛과 공기, 열을
차단하는 냉동보관으로
산화를 막는다!

향기 성분을 많이 함유한 커피와 찻잎은 특히 산화하기 쉬우므로 그 원인이 되는 빛과 공기, 열을 차단하고 습기도 없는 냉동실에 보관하는 것이 최적이다.

[알루미늄 봉지째로 냉동]

커피원두, 커피가루, 홍차와 녹차 등의 찻잎은 시판되는 알루미늄 봉지째로 공기를 잘 뺀다. 그런 다음 봉지를 클립으로 고정하고 다시 냉동용 지퍼백에 넣어 냉동한다. 직접 냉동용 지퍼백에 넣고 공기를 뺀 다음 냉동해도 좋다.

Point

커피와 찻잎은 둘 다 냉동고에서 실온에 내놓으면 온도차로 인해 수분이나 습기를 빨아들일 수 있으므로 사용할 만큼만 꺼냈으면 최대한 빨리 냉동고에 넣는 것이 좋다.

자연치즈나 버터는 냉동 보관하기에 적합하다
요거트는 설탕을 넣어서 냉동하는 것이 포인트!

치즈

1. 블럭치즈 냉동

2. 피자용 치즈 냉동

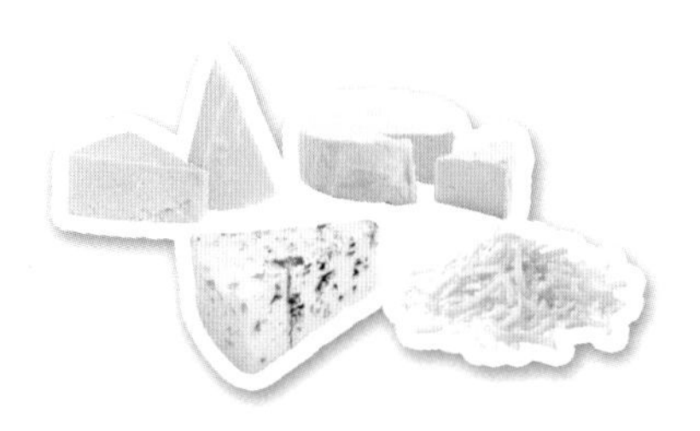

냉동 보관으로
곰팡이를 방지하고
맛을 오래 유지한다!
가루치즈도 보송보송하게
사용할 수 있다.

카망베르치즈, 체더치즈, 고다치즈, 에멘탈치즈, 블루치즈, 파르메산치즈 같은 자연치즈는 냉장보관하면 곰팡이가 생기기 쉬운 데다 오래 가지 않으므로 냉동 보관하는 것이 좋다. 덩어리로 된 블록치즈를 냉동할 때는 각각 덩어리째로 랩으로 잘 싸서 냉동용 지퍼백에 넣어 냉동한다.
수분이 적은 하드 타입의 치즈는 냉동해도 변화가 없기 때문에 그대로 먹을 수 있다. 수분이 많은 소프트 타입의 치즈도 해동하면 그대로 일반 치즈와 같이 먹을 수 있다. 피자용 치즈는 그대로 냉동용 지퍼백에 넣고 균등한 두께로 얇게 펴면서 공기를 빼서 냉동한다. 공기가 들어 있으면 냉동했을 때 성에가 끼어 풍미가 떨어지게 된다. 냉동해둔 치즈는 얼린 채로 피자나 그라탕 등에 올려서 구우면 맛있다.

Point
가루 치즈는 시중에서 파는 케이스 그대로 냉장고에 넣어두면 굳어버려 사용하기 힘들다. 가루치즈는 냉동용 지퍼백에 넣고 공기를 뺀 다음 냉동한다. 냉동해두면 품질이 유지되어 보송보송한 상태로 사용할 수 있다.

버터

냉동 보관으로
산화를 방지한다!
잘게 나누어서 냉동해두면
사용하기 편하다.

버터는 유지 성분이 많기 때문에 매우 산화하기 쉬운 식품이다. 산화를 방지하기 위해서는 가급적 공기를 차단하고 저온에서 보관하는 것이 중요하므로 냉동 보장이 최적이다. 하지만 버터는 냉동해두면 딱딱해지므로 큰 덩어리 그대로는 사용하기 어려울 수 있다.

[소분해서 냉동]
버터는 10g 정도로 소분해서 냉동하는 것이 좋다. 소분한 버터를 간격을 두고 랩에 끼워 공기를 뺀다. 그런 다음 포개 쌓아 냉동용 지퍼백에 넣어 냉동한다.

[상온에서 자연 해동]
냉동해둔 버터는 가위로 필요한 만큼 잘라내어 실온에 잠깐 뒀다가 토스트 등에 사용한다. 가열할 경우에는 얼린 채로 사용해도 된다.

Point
사진과 같이 랩을 접어서 냉동용 지퍼백에 넣어 냉동한다.
가위로 필요한 만큼 잘라내 사용하면 좋다.

요거트

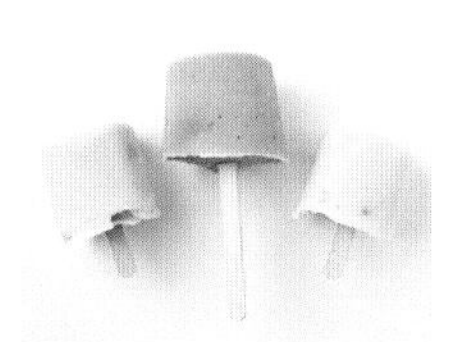

요거트를 얼리면
재미있게 먹을 수 있다!
프로즌 요거트 &
막대기 아이스

[설탕을 넣어서 냉동]

플레인 요거트(설탕 · 과일 등 다른 것을 아무것도 넣지 않은 요거트)는 설탕을 넣어서 냉동하는 것이 포인트다. 설탕을 넣지 않고 냉동하면 분리되어 버리므로 주의해야 한다. 보관용기에 플레인 요거트를 넣고 설탕을 적당량 섞은 다음 뚜껑을 덮어 냉동하면 된다.

[냉장고에서 해동 & 얼린 채로 사용]

냉동 요거트는 냉장고에서 해동해 먹어도 좋고, 얼린 채로 프로즌 요거트로 먹어도 맛있다.

Point

설탕이나 과일 등이 들어 있는 컵 요거트는 알루미늄 뚜껑 중앙에 구멍을 내고 캔디용 나무 스틱을 꽂아 꼬박 하루 이상 냉동해두면 막대 아이스로 즐길 수 있다. 캔디용 나무 스틱은 시중에서 구입 가능하다. 나무 스틱 대신 나무젓가락을 써도 된다.

한꺼번에 만들어 두거나 도시락에 사용할 수 있어서 편리하다

카레

1. 카레를 보관용기에 넣어서 냉동

2. 다진 고기 카레를 냉동

만든 음식을 방치하면
식중독의 원인이 되므로
소분하여 냉동
보관하는 것이 좋다.

냄비째 방치해둔 카레를 먹고 탈이 나는 사람이 최근 늘고 있다. 바로 먹지 않을 음식은 재빨리 한 끼분씩 소량으로 나누어 내열성 보관용기에 넣고 뚜껑을 덮어서 냉동하자.

[소분해서 냉동]

카레를 냉동용 지퍼백에 넣고 공기를 뺀 다음 얇게 펴서 냉동해도 된다.
특히 냉동할 때 주의할 필요가 있는 것은 감자와 당근이다. 감자와 당근을 큼직하게 잘라놓은 것은 냉동 과정에서 식감이 떨어지므로 잘게 썰거나 갈아서 냉동해야 한다.

[전자레인지 & 흐르는 물에 해동]

냉동해둔 카레를 먹을 때는 내열성 용기라면 전자레인지에, 냉동용 지퍼백이라면 흐르는 물에 조금 부드러워질 정도로 해동한 다음 냄비에 옮겨 따뜻하게 데운다.

햄버그스테이크

1. 생 햄버그스테이크를 냉동

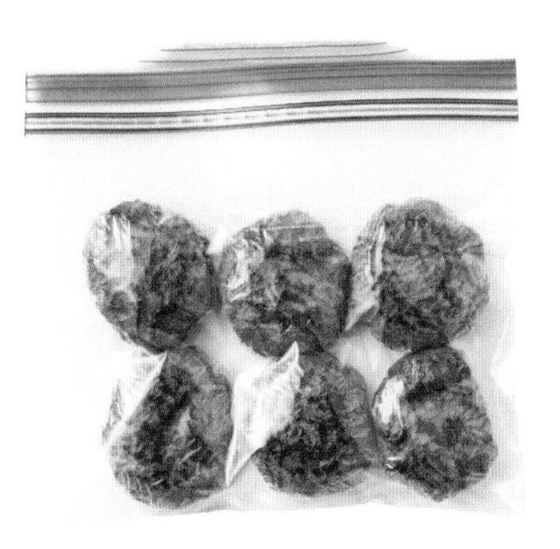

2. 미니 햄버그스테이크를 냉동

얼린 채로 가열하면
즉시 먹을 수 있다!
미니 햄버그스테이크는
도시락용으로 편리하다.

[생으로 & 구워서 냉동]
햄버그스테이크를 냉동하는 방법은 2가지다. 하나는 햄버그스테이크 재료를 생으로 냉동하는 방법이다. 햄버그스테이크 재료를 적당한 크기로 성형한 후 랩으로 잘 싸서 냉동용 지퍼백에 넣는다. 그런 다음 공기를 빼서 냉동한다. 성형할 때는 다진 고기 육즙의 유실을 방지하기 위해 재료에 빵가루를 넣는 것이 포인트이다. 냉동한 채로 잘 익히기 위해 좀 얇게 만드는 것도 중요하다.

[가열 해동 & 전자레인지 해동]
냉동해둔 햄버그스테이크를 먹을 때는 냉동한 채로 프라이팬에 양면을 구운 다음 뚜껑을 덮고 익힌다. 미니 햄버그스테이크를 냉동할 때는 재료를 작게 성형하여 구운 다음 열을 식혀 랩으로 싸고 냉동용 지퍼백에 넣어 공기를 뺀다. 냉동한 미니 햄버그스테이크는 전자레인지에 돌려서 도시락 등에 활용하면 좋다.

만두

한꺼번에 만들어서
냉동해두면 아주 편리하다!
먹을 때는 물만두를
만들어 먹으면 맛있다.

[생으로 냉동]

만두는 시간 여유가 있을 때 한꺼번에 만들어 냉동해두면 편리하다. 만두소를 넣고 만든 만두는 만두끼리 붙지 않도록 녹말가루를 뿌린 다음 냉동용 지퍼백에 넣어 냉동해두는 것이 좋다. 평평한 쟁반에 만두를 나란히 놓고 얼면 냉동용 지퍼백에 넣어 냉동실에 넣어도 된다. 다만 성에가 끼기 쉬우므로 가능한 한 빨리 다 먹도록 하자. 특히 추천할 만한 것은 물만두이다. 냉동만두와 대파 등 채소를 함께 삶아 익으면 접시에 담고 간장과 참기름을 뿌리면 맛있게 먹을 수 있다. 물론 프라이팬에 구워도 맛있다.

Point

남은 만두피는 5장씩 포개어 랩으로 잘 싸서 냉동용 지퍼백에 넣고 공기를 뺀 다음 냉동한다. 사용할 때는 실온에서 해동한다. 만두피만을 냄비에 넣어도 맛있게 먹을 수 있다.

초절임 · 김치

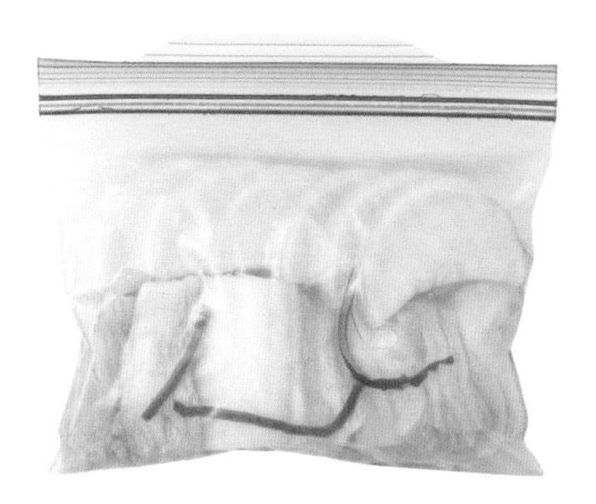

1. 절인 것을 냉동

2. 김치를 냉동

특히 무와 배추가
제격이다. 반해동 상태로
먹어도 맛있다!

초절임이나 김치는 냉동 보관하는 것이 좋다. 냉장 보관하면 발효가 진행되어 풍미가 떨어지지만, 냉동해두면 본래의 맛 그대로 보관할 수 있다. 무와 배추는 냉동해도 식감이 거의 변하지 않기 때문에 특히 추천한다.

[냉장고 & 흐르는 물에 해동]
냉동해둔 초절임이나 김치는 냉장고에서 해동하거나 흐르는 물에 해동한 후 먹는데, 반해동 상태에서 먹어도 맛있다. 다만, 오이를 사용한 초절임이나 김치는 냉동하면 식감이 떨어져 맛이 없기 때문에 적합하지 않다. 초절임이나 김치는 얼린 채로 손으로 뚝 부러뜨려 차가운 중화요리나 소면 등에 토핑으로 쓰면 더 시원하게 먹을 수 있다.

버릴 게 없는 냉동테크닉

1쇄 발행 2021년 8월 17일

지은이 니시카와 다카시
옮긴이 김선숙
펴낸이 이경희

발행 글로세움
출판등록 제318-2003-00064호(2003.7.2)

주소 서울시 구로구 경인로 445(고척동)
전화 02-323-3694
팩스 070-8620-0740
메일 editor@gloseum.com
홈페이지 www.gloseum.com

ISBN 979-11-86578-92-6 13590

• 잘못된 책은 구입하신 서점이나 본사로 연락하시면 바꿔 드립니다.